2020 年版

U0167343

典型电网运维项目
费用参考标准

国网河北省电力有限公司设备管理部
国网河北省电力有限公司财务资产部　　编著
国网河北省电力有限公司经济技术研究院

 中国水利水电出版社
www.waterpub.com.cn
·北京·

内 容 提 要

本书主要内容由总则、定额参考、综合单价参考三大部分组成，其中定额参考和综合单价参考均包括变电部分、输电部分、配电部分 3 个专业。附录收录了国网河北省电力有限公司典型运维项目费用参考标准。

本书可供电网企业输变电工程各专业技术人员和各级管理人员阅读，也可供发电企业和电力用户相关人员参考。

图书在版编目（CIP）数据

典型电网运维项目费用参考标准 / 国网河北省电力有限公司设备管理部，国网河北省电力有限公司财务资产部，国网河北省电力有限公司经济技术研究院编著. -- 北京：中国水利水电出版社，2021.4
ISBN 978-7-5170-9531-6

Ⅰ. ①典… Ⅱ. ①国… ②国… ③国… Ⅲ. ①电网—电力系统运行—标准 Ⅳ. ①TM7-65

中国版本图书馆CIP数据核字(2021)第063790号

书　　名	典型电网运维项目费用参考标准 DIANXING DIANWANG YUNWEI XIANGMU FEIYONG CANKAO BIAOZHUN
作　　者	国网河北省电力有限公司设备管理部 国网河北省电力有限公司财务资产部　编著 国网河北省电力有限公司经济技术研究院
出版发行	中国水利水电出版社 （北京市海淀区玉渊潭南路 1 号 D 座　100038） 网址：www.waterpub.com.cn E-mail：sales@waterpub.com.cn 电话：(010) 68367658（营销中心）
经　　售	北京科水图书销售中心（零售） 电话：(010) 88383994、63202643、68545874 全国各地新华书店和相关出版物销售网点
排　　版	中国水利水电出版社微机排版中心
印　　刷	天津嘉恒印务有限公司
规　　格	140mm×203mm　32 开本　4.75 印张　128 千字
版　　次	2021 年 4 月第 1 版　2021 年 4 月第 1 次印刷
印　　数	0001—2500 册
定　　价	85.00 元

编　委　会

前　言

为进一步加强国网河北省电力有限公司运检专业运维成本费用管控，规范相关业务取费，指导业务外包项目立项、招标及结算，特编写《典型电网运维项目费用参考标准》。

本书由国网河北省电力有限公司设备管理部、国网河北省电力有限公司财务资产部编写，由国网河北省电力有限公司经济技术研究院牵头负责，国网石家庄供电公司、国网邯郸供电公司、国网沧州供电公司、国网邢台供电公司、国网河北检修公司配合完成。

本书主要内容由总则、定额参考、综合单价参考三大部分组成，其中定额参考和综合单价参考包括变电部分、输电部分、配电部分3个专业。附录收录了国网河北省电力有限公司典型运维项目费用参考标准。本书可供电网企业输变电工程各专业技术人员和各级管理人员阅读，也可供发电企业和电力用户有关人员参考。

限于作者水平，书中难免有疏漏不妥之处，恳请各位专家、读者提出宝贵意见。

作者
2020 年 9 月

目 录

1 总则

1.1 编制依据

本书根据国家、行业、国家电网有限公司及省公司相关标准、技术规程、规范、质量评定标准和安全技术操作规程等标准和规范编制,主要依据如下:

《国家电网有限公司关于深化应用电网生产运营作业成本标准的通知》(国家电网财〔2020〕11 号)

《国家电网公司关于修订生产运营成本标准的通知》(国家电网财〔2017〕992 号)

《电网检修工程预算编制与计算规定》(2015 年版)

《电网检修工程概预算定额》(2015 年版)

《国家电网公司生产技改大修项目估算编制指导意见》(运检计划〔2017〕75 号)

《电力工程造价与定额管理总站关于发布 2015 年版电网技术改造和检修工程概预算定额 2020 年上半年价格水平调整系数的通知》(定额〔2020〕26 号)

《关于调整电网技改检修工程规费和税金的通知》(通知〔2019〕448 号)

《关于深化增值税改革有关政策的公告》(财政部 税务总局 海关总署公告 2019 年第 39 号)

《关于全面推开营业税改征增值税试点的通知》(财税〔2016〕36 号)

有关施工方案及作业指导书

1.2 参考标准构成及说明

参照《电网检修工程预算编制与计算规定》（2015年版），结合公司运维检修项目实际工作进行标准编制，费用构成包括直接费、间接费、利润、编制基准期价差、税金等。

费用构成中未考虑运维配件购置费及其他费用（运维过程中的赔偿费等），若典型运维项目实际发生此部分费用，应据实另行计列。参考标准及费用构成均不包含增值税。

1.2.1 参考标准构成

1.2.1.1 直接费

直接费是按照生产规程、规范要求进行作业，使运维对象达到设计要求或功能要求所发生的费用。直接费由直接运维费和措施费组成。

1. 直接运维费

直接运维费是指按照正常的作业条件，直接发生在运维对象上的费用，包括人工费、消耗性材料费、作业机械使用费。

（1）人工费。典型子目参考标准的人工费是指直接支付给从事相关作业的生产人员的各项费用，具体如下：

1）人工费包括基本工资、工资性补贴、辅助工资、职工福利费、劳动保护费等。

2）工日按照8小时计算。

3）其中：普通工，45元/工日；建筑技工，64元/工日；安装技术工，69元/工日；输电技术工，71元/工日；调试技术工，96元/工日；软件实施人员，1100元/工日。

（2）消耗性材料费。土建项目计列主材费，其余项目只计列消耗性材料。消耗性材料是指在施工过程中所消耗的、在成品中不体现其原有形态的材料，以及因施工工艺及措施要求需要进行摊销的材料。

（3）作业机械使用费。作业机械使用费是指作业中所使用的作业机械的使用费或租赁费，包括折旧费、安装及拆卸费、场外运费、操作人员人工费、燃料动力费、车船税费及运检费等。

2. 措施费

措施费是指完成项目作业，发生于作业前和作业过程中的非工程实体项目的费用，包括冬雨季施工增加费、施工工具用具使用费、临时设施费、安全文明施工费。取费费率参考《电网检修工程预算编制与计算规定》（2015 年版）的费率执行。

1.2.1.2　间接费

间接费是指在作业过程中为项目服务而不直接消耗在特定产品对象上的费用。间接费由规费和企业管理费组成。规费由社会保险费、住房公积金、危险作业意外伤害保险费组成。取费费率按《电网检修工程预算编制与计算规定》（2015 年版）执行。

1.2.1.3　利润

利润是指施工企业完成所承包的项目所获得的盈利，即

利润＝人工费×费率

取费费率参考《电网检修工程预算编制与计算规定》（2015 年版）费率执行。

1.2.1.4　编制基准期价差

编制基准期价差是指预算编制基准期价格水平与电力行业定额（造价）管理部门规定的取费价格之间的差额。编制基准期价差主要包括人工费价差、消耗性材料费价差、施工机械使用费价差。

费用测算时，依据项目所在变电站工程或输电线路工程的电压等级，参照《电力工程造价与定额管理总站关于发布 2015 年版电网技术改造和检修工程概预算定额 2019 年下半年价格水平调整系数的通知》（定额〔2020〕1 号）的规定计算。

1.2.1.5　税金

税金按照国家税法规定应计入项目造价内的税额，其计算公式为

税金＝（直接费＋间接费＋利润＋编制基准期价差）×税率

税率按照《关于调整电网技改检修工程规费和税金的通知》（通知〔2019〕448号）的规定计算。

1.2.1.6 参考标准

运维项目费用参考标准包括编制人工、机械台班、设备材料等，以2020年为价格水平基准年，结合实际工程情况，形成参考标准，其计算公式为

参考标准＝直接费＋间接费＋利润＋编制基准期价差＋税金

计价材料主要依据检修定额材机库价格，材料按市场价，机械台班仪器仪表价格参照检修定额材机库价格，未包含的部分参照市场价。

1.2.2 参考标准使用说明

（1）参考标准包括定额参考部分和综合单价参考部分。定额参考部分包含变电部分、输电部分、配电部分3个专业，共87项典型子目146条定额；综合单价参考部分包含变电部分、输电部分、配电部分3个专业，共52项典型子目61条综合单价参考标准。

（2）按照有关施工方案及作业指导书，在正常的地理气候环境、合理的施工组织设计和施工机具配备以及合理的工期条件下进行测算时，人工、材料、施工机械台班消耗量反映了运维项目的施工技术水平和组织水平，除另有特殊说明外，不作调整。

（3）参考标准均按平地施工进行测算，在其他地形条件下施工时，可参考《电网检修工程预算编制与计算规定（2015年版）》，地形差异具体到定额中体现。

（4）预算费用应以《电网检修工程预算编制与计算规定（2015年版）》为基础，结合国网河北省电力有限公司定额管理机构颁布的价格调整规定计算人工、材料、机械价差。

2 定额参考

2.1 变电部分

变电部分包含变电站消防检测与维保、变电站辅助设施维保、入网设备质量专项技术检测、变电站带电检测 4 类。

2.1.1 变电站消防检测与维保

变电站消防检测与维保的工作内容共 12 类，包括灭火器检测、灭火器维保、空气呼吸器检测与维保、（六氟丙烷）气体自动灭火系统检测与维保、室外消火栓检测与维保、室内消火栓检测与维保、火灾自动报警系统检测、火灾自动报警系统维保、消防器材维保、应急照明和疏散指示标志维保、消防设施检测、消防设施维保。

2.1.1.1 灭火器检测

灭火器检测的工作内容：按规程使用天平称重检查二氧化碳灭火器质量；检查干粉灭火器压力表指示；完成变电站内灭火器的一次消防专业检测，并出具检测报告。

说明：检测人员进入变电站，对 1 只消防器材完成 1 次检测为 1 台·次。

定额编号	WQ1-1	WQ1-2	WQ1-3	WQ1-4	WQ1-5
项　　目	手提式二氧化碳灭火器检测	手提式干粉灭火器检测	推车式干粉灭火器检测	自爆悬挂式超细干粉灭火器检测	微型气体喷放灭火器检测
单　　位	台·次	台·次	台·次	台·次	台·次
参考标准（元）	23.13	16.20	44.56	35.43	35.43

定额编号		WQ1-1	WQ1-2	WQ1-3	WQ1-4	WQ1-5
项　　目		手提式二氧化碳灭火器检测	手提式干粉灭火器检测	推车式干粉灭火器检测	自爆悬挂式超细干粉灭火器检测	微型气体喷放灭火器检测
基价（元）		14.75	8.40	23.11	18.38	18.38
人工费（元）		3.09	3.09	8.49	6.75	6.75
机械费（元）		11.67	5.31	14.62	11.63	11.63
名　　称	单位	数　　量				
人工	调试技术工	工日	0.032	0.032	0.088	0.07	0.07
机械	电力工程车	台班	0.016	0.016	0.044	0.035	0.035
	分析天平	台班	0.01	0	0	0	0

2.1.1.2　灭火器维保

灭火器维保的工作内容：对变电站内的灭火器进行清扫、保养，外壳、箱体补漆，损坏或超期者将新灭火器（甲供）安装到位，并回收旧灭火器，出具维修记录报告说明。

说明：检测人员进入变电站，对1只消防器材完成1次维保为1台·次。

定额编号	WQ1-6	WQ1-7	WQ1-8	WQ1-9	WQ1-10
项　　目	手提式二氧化碳灭火器（含箱体）维保	手提式干粉灭火器（含箱体）维保	推车式干粉灭火器（含箱体）维保	自爆悬挂式超细干粉灭火器维保	微型气体喷放灭火器（电缆沟内）维保
单　　位	台·次	台·次	台·次	台·次	台·次
参考标准（元）	17.67	17.67	43.25	21.63	21.63

定额编号		WQ1-6	WQ1-7	WQ1-8	WQ1-9	WQ1-10
项　目		手提式二氧化碳灭火器（含箱体）维保	手提式干粉灭火器（含箱体）维保	推车式干粉灭火器（含箱体）维保	自爆悬挂式超细干粉灭火器维保	微型气体喷放灭火器（电缆沟内）维保
基价（元）		10.86	10.86	26.31	13.16	13.16
人工费（元）		2.56	2.56	6.39	3.20	3.20
材料费（元）		1.65	1.65	3.31	1.65	1.65
机械费（元）		6.64	6.64	16.61	8.30	8.30
名　称	单位			数　量		
人工　安装技术工	工日	0.04	0.04	0.1	0.05	0.05
计价材料　油漆刷	把	0.05	0.05	0.1	0.05	0.05
计价材料　醇酸防锈漆	kg	0.05	0.05	0.1	0.05	0.05
计价材料　醇酸磁漆	kg	0.05	0.05	0.1	0.05	0.05
机械　电力工程车	台班	0.02	0.02	0.05	0.025	0.025

2.1.1.3　空气呼吸器检测与维保

空气呼吸器检测与维保的工作内容：按规程使用天平称重检查呼吸器瓶质量，检查压力表指示等，完成变电站内空气呼吸器的1次检测，并出具检测报告。

对变电站内的空气呼吸器进行清扫、保养；损坏或超期者将新空气呼吸器（甲供）安装到位，并回收旧空气呼吸器，出具维修记录报告说明。

说明：检测人员进入变电站，对1只空气呼吸器完成1次检测或维保为1台·次。

定额编号		WQ1 - 11	WQ1 - 12
项　目		空气呼吸器检测	空气呼吸器维保
单　位		台·次	台·次
参考标准（元）		108.20	59.71
基价（元）		58.87	34.71
人工费（元）		19.30	9.59
材料费（元）		0	0.21
机械费（元）		39.57	24.91
名　称	单位	数　量	
人工　安装技术工	工日	0	0.15
调试技术工	工日	0.2	0
计价材料　油漆刷	把	0	0.05
机械　电力工程车	台班	0.1	0.075
分析天平	台班	0.01	0

2.1.1.4　（六氟丙烷）气体自动灭火系统检测与维保

（六氟丙烷）气体自动灭火系统检测与维保的工作内容：按规程使用天平称重检查呼吸器瓶质量，检查压力表指示等，完成变电站内（六氟丙烷）气体自动灭火系统的1次消防检测，并出具检测报告。

对变电站内的（六氟丙烷）气体自动灭火系统进行清扫、保养、补漆，出具维修记录报告说明。

说明：检测人员进入变电站，对1组（六氟丙烷）气体自动灭火系统完成1次检测或维保为1台·次。

定额编号	WQ1 - 13	WQ1 - 14
项　目	（六氟丙烷） 气体自动灭火系统检测	（六氟丙烷） 气体自动灭火系统维保
单　位	台·次	台·次
参考标准（元）	347.20	206.62
基价（元）	182.81	122.13

定额编号		WQ1-13	WQ1-14
项 目		（六氟丙烷）气体自动灭火系统检测	（六氟丙烷）气体自动灭火系统维保
人工费（元）		64.85	32.22
材料费（元）		0	6.20
机械费（元）		117.96	83.71
名 称	单位	数 量	
人工	安装技术工	工日	0	0.504
	调试技术工	工日	0.672	0
计价材料	油漆刷	把	0	0.1
	醇酸防锈漆	kg	0	0.2
	醇酸磁漆	kg	0	0.2
机械	电力工程车	台班	0.336	0.252
	分析天平	台班	0.01	0

2.1.1.5 室外消火栓检测与维保

室外消火栓检测与维保的工作内容：检查变电站内消防控制屏工作正常，试加水检测，室外消火栓流量满足规程要求，并出具检测报告。

对变电站内的室外消火栓进行检查、维修、保养、补漆；水龙带损坏者更新水龙带（甲供），并出具维修记录报告说明。

说明：检测人员进入变电站，对1只室外消火栓完成1次检测或维保为1只·次。

定额编号	WQ1-15	WQ1-16
项 目	室外消火栓检测	室外消火栓维保
单 位	只·次	只·次
参考标准（元）	40.51	27.42
基价（元）	21.01	17.11

定额编号		WQ1－15	WQ1－16
项　目		室外消火栓检测	室外消火栓维保
人工费（元）		7.72	3.84
材料费（元）		0	3.31
机械费（元）		13.29	9.97
名　称	单位	数　量	
人工	安装技术工	工日	0	0.06
	调试技术工	工日	0.08	0
计价材料	油漆刷	把	0	0.1
	醇酸防锈漆	kg	0	0.1
	醇酸磁漆	kg	0	0.1
机械	电力工程车	台班	0.04	0.03

2.1.1.6 室内消火栓检测与维保

室内消火栓检测与维保的工作内容：检查变电站内消防控制屏工作正常，试加水检测，室内消火栓流量满足规程要求，并出具检测报告。

对变电站内的室内消火栓进行检查、维修、保养、补漆；水龙带损坏者更新水龙带（甲供），并出具维修记录报告说明。

说明：检测人员进入变电站，对 1 只室内消火栓完成 1 次检测或维保为 1 只·次。

定额编号	WQ1－17	WQ1－18
项　目	室内消火栓检测	室内消火栓维保
单　位	只·次	只·次
参考标准（元）	40.51	27.42
基价（元）	21.01	17.11
人工费（元）	7.72	3.84
材料费（元）	0	3.31

定额编号		WQ1－17	WQ1－18
项　目		室内消火栓检测	室内消火栓维保
机械费（元）		13.29	9.97
名　称	单位	数　量	
人工　安装技术工	工日	0	0.06
人工　调试技术工	工日	0.08	0
计价材料　油漆刷	把	0	0.1
计价材料　醇酸防锈漆	kg	0	0.1
计价材料　醇酸磁漆	kg	0	0.1
机械　电力工程车	台班	0.04	0.03

2.1.1.7　火灾自动报警系统检测

火灾自动报警系统检测的工作内容：检查变电站内火灾自动报警装置运行工况，对所有烟感探测器使用模拟烟雾进行试验，对手动报警器、音响报警器进行试验检测，并出具检测报告。

说明：检测人员进入变电站，对 1 套火灾自动报警系统完成 1 次检测为 1 套·次。

定额编号	WQ1－19	WQ1－20	WQ1－21	WQ1－22
项　目	火灾自动报警系统（1～100点）检测	火灾自动报警系统（101～200点）检测	火灾自动报警系统（201～300点）检测	火灾自动报警系统（300点以上）检测
单　位	套·次	套·次	套·次	套·次
参考标准（元）	500.54	966.84	1425.04	2310.64
基价（元）	323.49	615.59	903.49	1413.01
人工费（元）	64.85	129.69	192.99	337.74
机械费（元）	258.64	485.90	710.49	1075.27

定额编号		WQ1－19	WQ1－20	WQ1－21	WQ1－22
项　目		火灾自动报警系统（1～100点）检测	火灾自动报警系统（101～200点）检测	火灾自动报警系统（201～300点）检测	火灾自动报警系统（300点以上）检测
名　称	单位	数　量			
人工	调试技术工 工日	0.672	1.344	2	3.5
机械	电力工程车 台班	0.336	0.672	1	1.75
	可拆式烟尘采样枪 台班	0.2	0.4	0.6	0.8
	数字多用表 台班	0.1	0.1	0.1	0.1

2.1.1.8　火灾自动报警系统维保

火灾自动报警系统维保的工作内容：处理变电站内火灾自动报警装置异常工况，更换损坏、误报的烟感探测器、音响报警器，并出具维修记录报告说明。

说明：检测人员进入变电站，对1套火灾自动报警系统完成1次维保为1套·次。

定额编号	WQ1－23	WQ1－24	WQ1－25	WQ1－26
项　目	火灾自动报警系统（1～100点）维保	火灾自动报警系统（101～200点）维保	火灾自动报警系统（201～300点）维保	火灾自动报警系统（300点以上）维保
单　位	套·次	套·次	套·次	套·次
参考标准（元）	560.11	1085.97	1512.28	1955.37
基价（元）	413.51	795.62	1119.82	1392.53
人工费（元）	47.95	95.89	127.86	191.79
材料费（元）	180.69	361.38	541.66	721.53

定额编号		WQ1-23	WQ1-24	WQ1-25	WQ1-26
项　目		火灾自动报警系统（1～100点）维保	火灾自动报警系统（101～200点）维保	火灾自动报警系统（201～300点）维保	火灾自动报警系统（300点以上）维保
机械费（元）		184.87	338.35	450.30	479.21
名　称	单位	数　量			
人工	安装技术工	工日	0.75	1.5	2	3
	调试技术工	工日	0	0	0	0
计价材料	油漆刷	把	0.2	0.4	0.5	0.5
	智能感烟型火灾探测器	个	0.5	1	1.5	2
	自攻螺丝 5×100mm	个	2	4	6	8
机械	电力工程车	台班	0.375	0.75	1	1
	可拆式烟尘采样枪	台班	0.05	0.1	0.15	0.2
	数字多用表	台班	0.1	0.1	0.1	0.1

2.1.1.9　消防器材维保

消防器材维保的工作内容：完成变电站内消防器材的1次检查、维修、保养，补足沙子，并出具维修记录报告。

说明：维保人员进入变电站，对站内消防器材等消防设施完成1次维保为1站·次。

定额编号	WQ1-27	WQ1-28	WQ1-29	WQ1-30
项　目	消防器材维保			
	10kV	35～110kV	220kV	500～1000kV
单　位	站·次	站·次	站·次	站·次
参考标准（元）	150.85	201.08	287.99	497.10

定额编号		WQ1－27	WQ1－28	WQ1－29	WQ1－30
项　　目		消 防 器 材 维 保			
		10kV	35～110kV	220kV	500～1000kV
基价（元）		111.63	130.96	183.93	322.26
人工费（元）		12.79	25.57	38.36	63.93
材料费（元）		30.05	36.60	43.56	87.53
机械费（元）		68.79	68.79	102.01	170.80
名　　称	单位	数　　量			
人工 安装技术工	工日	0.2	0.4	0.6	1
计价材料 油漆刷	把	0.1	0.1	0.2	0.5
粗砂	m³	0.2	0.3	0.4	0.8
小木方材≤ 54cm²	m³	0.01	0.01	0.01	0.02
机械 电力工程车	台班	0.2	0.2	0.3	0.5
SF₆气体 红外检漏仪	台班	0.1	0.1	0.1	0.2

2.1.1.10　应急照明和疏散指示标志维保

应急照明和疏散指示标志维保的工作内容：完成变电站内疏散指示标志等消防设施的1次检查、维修、保养，更换损坏的光源，并出具维修记录报告。

说明：维保人员进入变电站，对站内1个点位的应急照明和疏散指示标志等消防设施完成1次维保为1点·次。

定额编号	WQ1－31
项　　目	应急照明和疏散指示标志维保
单　　位	点·次
参考标准（元）	38.23
基价（元）	24.38
人工费（元）	5.11

定额编号		WQ1-31	
项 目		应急照明和疏散指示标志维保	
材料费（元）		2.84	
机械费（元）		16.43	
名 称	单位	数 量	
人工	安装技术工	工日	0.08
计价材料	油漆刷	把	0.1
	指示灯220V	只	0.2
机械	电力工程车	台班	0.04
	数字多用表	台班	0.01

2.1.1.11 消防设施检测

消防设施检测的工作内容：按规程使用天平称重，检查压力表指示等，完成变电站内的火灾自动报警、灭火器、自动灭火装置等消防设施的1次消防检测，并出具检测报告。

说明：检测人员进入变电站，对全站火灾自动报警、灭火器、消火栓系统、自动灭火装置等消防设施完成1次检测为1站·次。

定额编号		WQ1-32	WQ1-33	WQ1-34	WQ1-35	WQ1-36	WQ1-37
项 目		消防设施检测					
		10kV	35kV	110kV	220kV	500kV	1000kV
单 位		站·次	站·次	站·次	站·次	站·次	站·次
参考标准（元）		162.61	867.07	3624.54	11808.10	16225.24	21082.97
基价（元）		96.67	541.03	1709.65	5178.47	7615.27	9648.48
人工费（元）		25.09	121.58	771.97	2701.89	3473.86	4631.81
机械费（元）		71.58	419.45	937.68	2476.58	4141.41	5016.68
名 称	单位	数 量					
人工 调试技术工	工日	0.26	1.26	8	28	36	48

定额编号			WQ1－32	WQ1－33	WQ1－34	WQ1－35	WQ1－36	WQ1－37
项　目			消防设施检测					
			10kV	35kV	110kV	220kV	500kV	1000kV
机械	电力工程车	台班	0.13	0.63	2	6	10	12
	数字多用表	台班	0.05	0.2	0.3	0.5	1	1
	可拆式烟尘采样枪	台班	0	0.2	0.2	0.4	0.6	0.8
	分析天平	台班	0.02	0.05	0.1	0.15	0.25	0.4

2.1.1.12　消防设施维保

消防设施维保的工作内容：完成对变电站内的火灾自动报警、灭火器、消火栓系统、自动灭火装置、应急照明和疏散指示标志、灭火器材等消防设施的 1 次检查、维修、保养，并出具维修记录报告。

说明：检测人员进入变电站，对全站火灾自动报警、灭火器、消火栓系统、自动灭火装置、应急照明和疏散指示标志、灭火器材等消防设施完成 1 次维保为 1 站·次。

定额编号	WQ1－38	WQ1－39	WQ1－40	WQ1－41	WQ1－42	WQ1－43
项　目	消防设施维保					
	10kV	35kV	110kV	220kV	500kV	1000kV
单　位	站·次	站·次	站·次	站·次	站·次	站·次
参考标准（元）	382.17	1255.34	2827.04	8884.72	12455.71	17270.99
基价（元）	243.60	781.09	1523.27	4404.92	6610.71	8620.13
人工费（元）	51.14	177.08	511.43	1790.00	2301.43	3452.14

定额编号		WQ1-38	WQ1-39	WQ1-40	WQ1-41	WQ1-42	WQ1-43
项 目		消防设施维保					
		10kV	35kV	110kV	220kV	500kV	1000kV
材料费（元）		41.53	233.27	250.95	462.52	671.20	865.55
机械费（元）		150.92	370.74	760.89	2152.40	3638.08	4302.44
名 称	单位	数 量					
人工	安装技术工 工日	0.8	2.77	8	28	36	54
计价材料	油漆刷 把	1	1	2	3	5	5
	醇酸防锈漆 kg	0.1	0.2	0.5	1	1.5	2
	醇酸磁漆 kg	0.1	0.2	0.5	1	1.5	2
	智能感烟型火灾探测器 个	0	0.5	0.5	1	1.5	2
	自攻螺丝 5×100 个	0	2	2	4	6	8
	粗砂 m³	0.2	0.3	0.3	0.5	0.5	0.5
	小木方材 ≤54cm² m³	0.01	0.01	0.01	0.01	0.01	0.01
	指示灯 220V 只	0.4	0.6	1	1	1.5	1.5
机械	电力工程车 台班	0.4	0.92	2	6	10	12
	木工多用机床 台班	0.1	0.1	0.1	0.1	0.1	0.1
	数字多用表 台班	0.05	0.2	0.3	0.5	1	1

2.1.2 变电站辅助设施维保

变电站辅助设施维保的工作内容包括汇控柜空调维护、变电站卫生保洁、变电站空调维护、SF_6 气体报警仪维保 4 类。

2.1.2.1 汇控柜空调维保

汇控柜空调维保的工作内容：使用空调维修设备对汇控柜空调过滤网、蒸发器、风轮、叶片进行清扫、维护，清扫过滤网、蒸发器、风轮、叶片，处理制冷剂泄漏、风机故障，补充制冷剂，并出具维修记录报告。

说明：维保人员进入变电站，对站内 1 台汇控柜空调完成 1 次维保为 1 台·次。

定额编号		WQ2-1	
项　目		汇控柜空调维护	
单　位		台·次	
参考标准（元）		171.78	
基价（元）		104.08	
人工费（元）		25.57	
材料费（元）		3.24	
机械费（元）		75.27	
名　称		单位	数　量
人工	安装技术工	工日	0.4
计价材料	油漆刷	把	0.1
	氟利昂 F22	kg	0.15
机械	电力工程车	台班	0.2
	吹风机（4m³/min）	台班	0.15

2.1.2.2 变电站卫生保洁

变电站卫生保洁的工作内容：按照实际工作量配置普通工保

洁人员，每月进行一轮变电站室内卫生清扫，门窗、家具清扫；室外卫生清扫，道路、地面、草坪、树木修剪和绿化带清扫，厕所清理；供排水系统维护，更换损坏、漏水的水龙头，疏通排水管道；修复大门、遮栏通道，保持功能完好。

说明：无。

定额编号		WQ2 - 2	
项　　目		变电站卫生保洁	
单　　位		m²	
参考标准（元）		6.87	
基价（元）		3.96	
人工费（元）		1.12	
材料费（元）		0.08	
机械费（元）		2.76	
名　　称		单位	数　　量
人工	普通工	工日	0.025
计价材料	油漆刷	把	0.005
	碎布	kg	0.005
	商品混凝土 C20 - 20	m³	0.0001
机械	电力工程车	台班	0.0083
	夯实机	台班	0.0002

2.1.2.3　变电站空调维保

变电站空调维保的工作内容：使用空调维修设备对变电站内的空调过滤网、蒸发器、风轮、叶片进行清扫、维护，清扫过滤网、蒸发器、风轮、叶片，处理制冷剂泄漏、风机故障，补充制冷剂，并出具维修记录报告。

说明：维保人员进入变电站，对站内 1 台空调完成 1 次维保为 1 台·次。

定额编号	WQ2－3
项　目	变电站空调维护
单　位	台·次
参考标准（元）	189.26
基价（元）	120.12
人工费（元）	25.57
材料费（元）	19.28
机械费（元）	75.27

	名　称	单位	数　量
人工	安装技术工	工日	0.4
计价材料	油漆刷	把	0.1
	氟利昂 F22	kg	1
机械	电力工程车	台班	0.2
	吹风机 4m³/min	台班	0.15

2.1.2.4　SF_6 气体报警仪维保

SF_6 气体报警仪维保的工作内容：对 SF_6 气体报警仪进行检查、维修，检查连接线缆完好，更换损坏误报的感应器，并出具维修记录报告。

说明：维保人员进入变电站，对站内 1 套 SF_6 气体报警仪完成 1 次维保为 1 套·次。

定额编号	WQ2－4
项　目	SF_6 气体报警仪维保
单　位	套·次
参考标准（元）	324.99
基价（元）	208.25
人工费（元）	42.96
材料费（元）	53.68
机械费（元）	111.61

定额编号		WQ2-4	
项 目		SF₆气体报警仪维保	
名 称	单位	数 量	
人工	安装技术工	工日	0.672
计价材料	油漆刷	把	0.1
	传感器	只	0.2
机械	电力工程车	台班	0.336

2.1.3 入网设备质量专项技术检测

入网设备质量专项技术检测的工作内容共 26 类，包括室外 GIS 设备基础沉降监督、隔离开关触头镀银层厚度检测、开关柜触头镀银层厚度检测、户外密闭箱体厚度检测、变电站不锈钢部件材质分析、GIS 壳体对接焊缝超声波检测、变电站开关柜铜排导电率检测、变电站开关柜铜排连接导电接触部位镀银层厚度检测、变电站接地体涂覆层厚度检测、变电站铜部件材质分析、互感器及组合电器充气阀门材质分析、隔离开关外露传动机构件镀锌层厚度检测、变电导流部件紧固件镀锌层厚度检测、开关柜柜体覆铝锌板厚度检测、输电线路电力金具闭口销材质分析、输电线路耐张线夹 X 射线检测、10kV 跌落式熔断器导电片导电率检测、10kV 跌落式熔断器导电片触头镀银层厚度检测、10kV 跌落式熔断器铁件热镀锌厚度检测、10kV 跌落式熔断器铜铸件材质分析、10kV 柱上断路器接线端子镀锡层厚度检测、10kV 柱上断路器接线端子导电率检测、10kV 柱上断路器外壳厚度检测、JP 柜柜体厚度检测、环网柜柜体厚度检测、高压电力电缆振荡波试验。

2.1.3.1 室外 GIS 设备基础沉降监督

室外 GIS 设备基础沉降监督的工作内容：采用全站仪对基础开展基础沉陷度测量，记录测量结果，出具检测报告。

说明：根据实际测量数量计算，不区分电压等级，对 1 个工作点位完成1次测量为1点·次。

定额编号	WQ3-1	
项　目	室外GIS设备基础沉降监督	
单　位	点·次	
参考标准（元）	471.98	
基价（元）	397.04	
人工费（元）	17.19	
材料费（元）	0	
机械费（元）	379.85	
名　称	单位	数　量
人工　安装技术工	工日	0.25
机械　电力工程车	台班	0.0625
全站仪	台班	0.125

2.1.3.2　隔离开关触头镀银层厚度检测

隔离开关触头镀银层厚度检测的工作内容：采用便携式合金分析仪对隔离开关触头、触指镀银层厚度进行检测，记录检测结果，出具检测报告。

说明：不区分电压等级，完成1台隔离开关触头镀银层厚度检测工程，并进行数据分析及上传等工作为1台（三相）。

定额编号	WQ3-2
项　目	隔离开关触头镀银层厚度检测
单　位	台（三相）
参考标准（元）	432.94
基价（元）	376.52
人工费（元）	9.88
材料费（元）	0
机械费（元）	366.65

定额编号		WQ3-2	
项　目		隔离开关触头镀银层厚度检测	
名　称	单位	数　量	
人工	普工	工日	0.125
	安装技术工	工日	0.0625
机械	电力工程车	台班	0.0625
	便携式合金分析仪	台班	0.0625

2.1.3.3　开关柜触头镀银层厚度检测

开关柜触头镀银层厚度检测的工作内容：采用便携式合金分析仪对开关柜触头、触指镀银层厚度进行检测，记录检测结果，出具检测报告。

说明：根据实际测量开关柜设备数量计算，按"台"进行计列。

定额编号		WQ3-3	
项　目		开关柜触头镀银层厚度检测	
单　位		台	
参考标准（元）		1731.75	
基价（元）		1506.09	
人工费（元）		39.50	
材料费（元）		0	
机械费（元）		1466.58	
名　称	单位	数　量	
人工	普工	工日	0.5
	安装技术工	工日	0.25
机械	电力工程车	台班	0.25
	便携式合金分析仪	台班	0.25

2.1.3.4 户外密闭箱体厚度检测

户外密闭箱体厚度检测的工作内容：采用超声波测厚仪对户外密闭箱体厚度进行检测，记录检测结果，出具检测报告。

说明：根据实际测量数量计算，不区分电压等级，按"台"进行计列。

定额编号			WQ3-4
项 目			户外密闭箱体厚度检测
单 位			台
参考标准（元）			245.82
基价（元）			204.86
人工费（元）			9.88
材料费（元）			0
机械费（元）			194.98
名 称		单位	数 量
人工	普工	工日	0.125
	安装技术工	工日	0.0625
机械	电力工程车	台班	0.0625
	超声波测厚仪	台班	0.0625

2.1.3.5 变电站不锈钢部件材质分析

变电站不锈钢部件材质分析的工作内容：采用便携式合金分析仪对变电站不锈钢部件材质进行检测，记录检测结果，出具检测报告。

说明：根据实际测量数量计算，不区分电压等级，按"台"进行计列。

定额编号	WQ3-5
项 目	变电站不锈钢部件材质分析
单 位	台
参考标准（元）	432.94
基价（元）	376.52
人工费（元）	9.88

定额编号			WQ3-5
项　目			变电站不锈钢部件材质分析
材料费（元）			0
机械费（元）			366.65
名　　称		单位	数　　量
人工	普工	工日	0.125
	安装技术工	工日	0.0625
机械	电力工程车	台班	0.0625
	便携式合金分析仪	台班	0.0625

2.1.3.6　GIS壳体对接焊缝超声波检测

GIS壳体对接焊缝超声波检测的工作内容：采用超声波探伤仪对GIS壳体对接焊缝进行超声波检测，记录检测结果，出具检测报告。

说明：根据实际测量间隔数量计算，不区分电压等级，按"间隔"进行计列。

定额编号			WQ3-6
项　目			GIS壳体对接焊缝超声波检测
单　位			间隔
参考标准（元）			9487.71
基价（元）			8538.97
人工费（元）			79.01
材料费（元）			1065.3
机械费（元）			7394.66
名　　称		单位	数　　量
人工	普工	工日	1
	安装技术工	工日	0.5
计价材料	探头	个	1
机械	电力工程车	台班	0.5
	超声波探伤仪	台班	0.5

2.1.3.7 变电站开关柜铜排导电率检测

变电站开关柜铜排导电率检测的工作内容：采用导电率测试仪对变电站开关柜铜排导电率进行检测，记录检测结果，出具检测报告。

说明：根据实际测量开关柜数量计算，不区分电压等级，按"台"进行计列。

定额编号		WQ3-7	
项　　目		变电站开关柜铜排导电率检测	
单　　位		台	
参考标准（元）		538.41	
基价（元）		473.29	
人工费（元）		9.88	
材料费（元）		0	
机械费（元）		463.41	
名　　称	单位	数　　量	
人工	普工	工日	0.125
	安装技术工	工日	0.0625
机械	电力工程车	台班	0.0625
	导电率测试仪	台班	0.0625

2.1.3.8 变电站开关柜铜排连接导电接触部位镀银层厚度检测

变电站开关柜铜排连接导电接触部位镀银层厚度检测的工作内容：采用便携式合金分析仪对开关柜铜排连接导电接触部位镀银层厚度进行检测，记录检测结果，出具检测报告。

说明：根据实际测量开关柜数量计算，不区分电压等级，按"台"进行计列。

定额编号	WQ3-8
项　　目	变电站开关柜铜排连接 导电接触部位镀银层厚度检测
单　　位	台
参考标准（元）	865.87

定额编号		WQ3-8	
项　目		变电站开关柜铜排连接导电接触部位镀银层厚度检测	
基价（元）		753.04	
人工费（元）		19.75	
材料费（元）		0	
机械费（元）		733.29	
名　称	单位	数　量	
人工	普工	工日	0.25
	安装技术工	工日	0.125
机械	电力工程车	台班	0.125
	便携式合金分析仪	台班	0.125

2.1.3.9　变电站接地体涂覆层厚度检测

变电站接地体涂覆层厚度检测的工作内容：采用镀锌层测厚仪对变电站接地体涂覆层厚度进行检测，记录检测结果，出具检测报告。

说明：根据实际测量接地体数量计算，不区分电压等级，按"处"进行计列。

定额编号		WQ3-9	
项　目		变电站接地体涂覆层厚度检测	
单　位		处	
参考标准（元）		216.94	
基价（元）		178.37	
人工费（元）		9.88	
材料费（元）		0	
机械费（元）		168.49	
名　称	单位	数　量	
人工	普工	工日	0.125
	安装技术工	工日	0.0625

定额编号		WQ3-9	
项 目		变电站接地体涂覆层厚度检测	
名 称	单位	数 量	
机械	电力工程车	台班	0.0625
	镀锌层测厚仪	台班	0.0625

2.1.3.10 变电站铜部件材质分析

变电站铜部件材质分析的工作内容：采用便携式合金分析仪对变电站铜部件进行检测分析，记录检测分析结果，出具检测分析报告。

说明：根据实际测量铜部件数量计算，不区分电压等级，按"台"进行计列。

定额编号		WQ3-10	
项 目		变电站铜部件材质分析	
单 位		台	
参考标准（元）		216.47	
基价（元）		188.26	
人工费（元）		4.94	
材料费（元）		0	
机械费（元）		183.32	
名 称	单位	数 量	
人工	普工	工日	0.0625
	安装技术工	工日	0.03125
机械	电力工程车	台班	0.03125
	便携式合金分析仪	台班	0.03125

2.1.3.11 互感器及组合电器充气阀门材质分析

互感器及组合电器充气阀门材质分析的工作内容：采用便携式合金分析仪对互感器及组合电器充气阀门材质进行检测，记录检测结果，出具检测分析报告。

说明：根据实际测量设备数量计算，不区分电压等级，按"台"进行计列。

定额编号	WQ3-11
项　目	互感器及组合电器充气阀门材质分析
单　位	台
参考标准（元）	432.94
基价（元）	376.53
人工费（元）	9.88
材料费（元）	0
机械费（元）	366.65

	名　称	单位	数　量
人工	普工	工日	0.125
	安装技术工	工日	0.0625
机械	电力工程车	台班	0.0625
	便携式合金分析仪	台班	0.0625

2.1.3.12　隔离开关外露传动机构件镀锌层厚度检测

隔离开关外露传动机构件镀锌层厚度检测的工作内容：采用镀锌层测厚仪对隔离开关外露传动机构件镀锌层厚度进行检测，记录检测结果，出具检测报告。

说明：根据实际测量设备数量计算，不区分电压等级，按"台"进行计列。

定额编号	WQ3-12
项　目	隔离开关外露传动机构件镀锌层厚度检测
单　位	台
参考标准（元）	216.94
基价（元）	178.37
人工费（元）	9.88
材料费（元）	0
机械费（元）	168.49

定额编号		WQ3-12	
项　目		隔离开关外露传动机构件镀锌层厚度检测	
名　称	单位	数　量	
人工	普工	工日	0.125
	安装技术工	工日	0.0625
机械	电力工程车	台班	0.0625
	镀锌层测厚仪	台班	0.0625

2.1.3.13　变电导流部件紧固件镀锌层厚度检测

变电导流部件紧固件镀锌层厚度检测的工作内容：采用镀锌层测厚仪对变电导流部件紧固件镀锌层厚度进行检测，记录检测结果，出具检测报告。

说明：根据实际测量设备数量计算，不区分电压等级，按"件"进行计列。

定额编号		WQ3-13	
项　目		变电导流部件紧固件镀锌层厚度检测	
单　位		件	
参考标准（元）		216.94	
基价（元）		178.37	
人工费（元）		9.88	
材料费（元）		0	
机械费（元）		168.49	
名　称	单位	数　量	
人工	普工	工日	0.125
	安装技术工	工日	0.0625
机械	电力工程车	台班	0.0625
	镀锌层测厚仪	台班	0.0625

2.1.3.14 开关柜柜体覆铝锌板厚度检测

开关柜柜体覆铝锌板厚度检测的工作内容：采用超声波测厚仪对开关柜柜体覆铝锌板厚度进行检测，记录检测结果，出具检测报告。

说明：根据实际测量设备数量计算，不区分电压等级，按"面"进行计列。

定额编号		WQ3-14	
项 目		开关柜柜体覆铝锌板厚度检测	
单 位		面	
参考标准（元）		245.82	
基价（元）		204.86	
人工费（元）		9.88	
材料费（元）		0	
机械费（元）		194.98	
名 称		单位	数 量
人工	普工	工日	0.125
	安装技术工	工日	0.0625
机械	电力工程车	台班	0.0625
	超声波测厚仪	台班	0.0625

2.1.3.15 输电线路电力金具闭口销材质分析

输电线路电力金具闭口销材质分析的工作内容：采用便携式合金分析仪对输电线路电力金具闭口销材质进行检测，记录检测结果，出具检测分析报告。

说明：根据实际测量设备数量计算，不区分电压等级，按"件"进行计列。

定额编号	WQ3 – 15	
项　目	输电线路电力金具闭口销材质分析	
单　位	件	
参考标准（元）	216.47	
基价（元）	188.26	
人工费（元）	4.94	
材料费（元）	0	
机械费（元）	183.32	
名　　称	单位	数　　量
人工　普工	工日	0.0625
人工　安装技术工	工日	0.03125
机械　电力工程车	台班	0.0625
机械　便携式合金分析仪	台班	0.0625

2.1.3.16 输电线路耐张线夹 X 射线检测

输电线路耐张线夹 X 射线检测的工作内容：采用 X 射线数字成像仪对输电线路耐张线夹压接质量进行 X 射线检测，记录检测结果，出具检测报告。

说明：根据实际测量设备数量计算，不区分电压等级，按"处"进行计列。

定额编号	WQ3 – 16
项　目	输电线路耐张线夹 X 射线检测
单　位	处
参考标准（元）	2819.59
基价（元）	2504.10
人工费（元）	39.50
材料费（元）	0
机械费（元）	2464.60

定额编号		WQ3-16
项　目		输电线路耐张线夹 X 射线检测
名　称	单位	数　量
人工 普工	工日	0.5
人工 安装技术工	工日	0.25
机械 电力工程车	台班	0.25
机械 X 射线数字成像仪	台班	0.25

2.1.3.17　10kV 跌落式熔断器导电片导电率检测

10kV 跌落式熔断器导电片导电率检测的工作内容：采用导电率测试仪对 10kV 跌落式熔断器导电片导电率进行检测，记录检测结果，出具检测报告。

说明：根据实际测量设备数量计算，不区分电压等级，按"台"进行计列。

定额编号		WQ3-17
项　目		10kV 跌落式熔断器导电片导电率检测
单　位		台
参考标准（元）		538.41
基价（元）		473.29
人工费（元）		9.88
材料费（元）		0
机械费（元）		463.41
名　称	单位	数　量
人工 普工	工日	0.125
人工 安装技术工	工日	0.0625
机械 电力工程车	台班	0.0625
机械 导电率测试仪	台班	0.0625

2.1.3.18　10kV 跌落式熔断器导电片触头镀银层厚度检测

10kV 跌落式熔断器导电片触头镀银层厚度检测的工作内容：采用便携式合金分析仪对 10kV 跌落式熔断器导电片触头镀银层厚度进行检测，记录检测结果，出具检测报告。

说明：根据实际测量设备数量计算，不区分电压等级，按"台"进行计列。

定额编号		WQ3－18	
项　　目		10kV 跌落式熔断器导电片触头镀银层厚度检测	
单　　位		台	
参考标准（元）		216.47	
基价（元）		188.26	
人工费（元）		4.94	
材料费（元）		0	
机械费（元）		183.32	
名　　称	单位	数　　量	
人工	普工	工日	0.0625
	安装技术工	工日	0.03125
机械	电力工程车	台班	0.03125
	便携式合金分析仪	台班	0.03125

2.1.3.19　10kV 跌落式熔断器铁件热镀锌厚度检测

10kV 跌落式熔断器铁件热镀锌厚度检测的工作内容：采用镀锌层测厚仪对 10kV 跌落式熔断器铁件热镀锌厚度进行检测，记录检测结果，出具检测报告。

说明：根据实际测量设备数量计算，不区分电压等级，按"台"进行计列。

定额编号		WQ3 – 19	
项　目		10kV跌落式熔断器铁件热镀锌厚度检测	
单　位		台	
参考标准（元）		216.94	
基价（元）		178.37	
人工费（元）		9.88	
材料费（元）		0	
机械费（元）		168.49	
名　称		单位	数　量
人工	普工	工日	0.125
	安装技术工	工日	0.0625
机械	电力工程车	台班	0.0625
	镀锌层测厚仪	台班	0.0625

2.1.3.20　10kV跌落式熔断器铜铸件材质分析

10kV跌落式熔断器铜铸件材质分析的工作内容：采用便携式合金分析仪对10kV跌落式熔断器铜铸件材质进行检测，记录检测结果，出具检测分析报告。

说明：根据实际测量设备数量计算，不区分电压等级，按"台"进行计列。

定额编号	WQ3 – 20
项　目	10kV跌落式熔断器铜铸件材质分析
单　位	台
参考标准（元）	216.47
基价（元）	188.26
人工费（元）	4.94
材料费（元）	0
机械费（元）	183.32

定额编号			WQ3－20	
项　目			10kV跌落式熔断器铜铸件材质分析	
名　称		单位	数　量	
人工	普工	工日	0.0625	
	安装技术工	工日	0.03125	
机械	电力工程车	台班	0.03125	
	便携式合金分析仪	台班	0.03125	

2.1.3.21　10kV柱上断路器接线端子镀锡层厚度检测

10kV柱上断路器接线端子镀锡层厚度检测的工作内容：采用便携式合金分析仪对10kV柱上断路器接线端子镀锡层厚度进行检测，记录检测结果，出具检测报告。

说明：根据实际测量设备数量计算，不区分电压等级，按"台（三相）"进行计列。

定额编号			WQ3－21	
项　目			10kV柱上断路器接线端子镀锡层厚度检测	
单　位			台（三相）	
参考标准（元）			216.47	
基价（元）			188.26	
人工费（元）			4.94	
材料费（元）			0	
机械费（元）			183.32	
名　称		单位	数　量	
人工	普工	工日	0.0625	
	安装技术工	工日	0.03125	
机械	电力工程车	台班	0.03125	
	便携式合金分析仪	台班	0.03125	

2.1.3.22　10kV柱上断路器接线端子导电率检测

10kV柱上断路器接线端子导电率检测的工作内容：采用导电率测试仪对10kV柱上断路器接线端子导电率进行检测，记录检测结果，出具检测报告。

说明：根据实际测量设备数量计算，不区分电压等级，按"台（三相）"进行计列。

定额编号		WQ3－22
项　目		10kV柱上断路器接线端子导电率检测
单　位		台（三相）
参考标准（元）		538.41
基价（元）		473.29
人工费（元）		9.88
材料费（元）		0
机械费（元）		463.41
名　称	单位	数　量
人工　普工	工日	0.125
安装技术工	工日	0.0625
机械　电力工程车	台班	0.0625
导电率测试仪	台班	0.0625

2.1.3.23　10kV柱上断路器外壳厚度检测

10kV柱上断路器外壳厚度检测的工作内容：采用超声波测厚仪对10kV柱上断路器外壳厚度进行检测，记录检测结果，出具检测报告。

说明：根据实际测量设备数量计算，不区分电压等级，按"台"进行计列。

定 额 编 号	WQ3 - 23	
项　　　目	10kV柱上断路器外壳厚度检测	
单　　　位	台	
参考标准（元）	245.82	
基价（元）	204.86	
人工费（元）	9.88	
材料费（元）	0	
机械费（元）	194.98	
名　　　称	单位	数　　　量
人工　普工	工日	0.125
安装技术工	工日	0.0625
机械　电力工程车	台班	0.0625
超声波测厚仪	台班	0.0625

2.1.3.24　JP柜柜体厚度检测

JP柜柜体厚度检测的工作内容：采用超声波测厚仪对JP柜柜体厚度进行检测，记录检测结果，出具检测报告。

说明：根据实际测量设备数量计算，不区分电压等级，按"台"进行计列。

定 额 编 号	WQ3 - 24
项　　　目	JP柜柜体厚度检测
单　　　位	台
参考标准（元）	245.82
基价（元）	204.86
人工费（元）	9.88
材料费（元）	0
机械费（元）	194.98

定额编号			WQ3－24	
项 目			JP柜柜体厚度检测	
名 称		单位	数 量	
人工	普工	工日	0.125	
	安装技术工	工日	0.0625	
机械	电力工程车	台班	0.0625	
	超声波测厚仪	台班	0.0625	

2.1.3.25 环网柜柜体厚度检测

环网柜柜体厚度检测的工作内容：采用超声波测厚仪对环网柜柜体厚度进行检测，记录检测结果，出具检测报告。

说明：根据实际测量设备数量计算，不区分电压等级，按"台"进行计列。

定额编号			WQ3－25	
项 目			环网柜柜体厚度检测	
单 位			台	
参考标准（元）			245.82	
基价（元）			204.86	
人工费（元）			9.88	
材料费（元）			0	
机械费（元）			194.98	
名 称		单位	数 量	
人工	普工	工日	0.125	
	安装技术工	工日	0.0625	
机械	电力工程车	台班	0.0625	
	超声波测厚仪	台班	0.0625	

2.1.3.26 高压电力电缆振荡波试验

高压电力电缆振荡波试验的工作内容：采用电缆振荡波局放

试验装置对高压电力电缆进行振荡波局放试验，记录试验结果，出具试验报告。

说明：根据实际测量设备数量计算，不区分电压等级，按"条"进行计列。

定额编号		WQ3-26	
项　　目		高压电力电缆振荡波试验	
单　　位		条	
参考标准（元）		8571.12	
基价（元）		7672.81	
人工费（元）		91.07	
材料费（元）		0	
机械费（元）		7581.74	
名　　称	单位	数　　量	
人工	普工	工日	0.5
	安装技术工	工日	1
机械	电力工程车	台班	0.5
	电缆震荡波局放试验装置	台班	0.5

2.1.4　变电站带电检测

变电站带电检测的工作内容共 8 类，包括变电站红外精确测温、SF_6 气体泄漏红外检测、变压器局放检测、组合电器局放检测、开关柜局放检测、避雷器泄漏电流检测、变电站电容电流检测、变电站电能质量检测。

2.1.4.1　变电站红外精确测温

变电站红外精确测温的工作内容：按照变电设备红外精确测温技术要求，日落后对变电站内所有一次设备（敞开式、GIS 式）逐个点位进行测温记录，出具检测报告。

说明：按变电站电压等级，在其带电正常运行状态下，对 100 个工作点位完成 1 次测温为 1 百点·次。

定额编号		WQ4-1	WQ4-2	WQ4-3	WQ4-4	WQ4-5	WQ4-6	WQ4-7	WQ4-8
项目		变电站（敞开式）红外精确测温				变电站（GIS式）红外精确测温			
电压等级		110kV	220kV	500kV	1000kV	110kV	220kV	500kV	1000kV
单位		百点·次	百点·次	百点·次	百点·次	百点·次	百点·次	百点·次	百点·次
参考标准（元）		277.18	388.05	554.36	831.54	665.23	692.95	970.13	1108.71
基价（元）		236.31	330.83	472.61	708.92	567.14	590.77	827.07	945.22
人工费（元）		8.59	12.03	17.19	25.78	20.63	21.49	30.08	34.38
材料费（元）		0	0	0	0	0	0	0	0
机械费（元）		227.71	318.80	455.42	683.14	546.51	569.28	796.99	910.85
名称	单位	数量							
人工 安装技术工	工日	0.125	0.175	0.25	0.375	0.3	0.3125	0.4375	0.5
机械 电力工程车	台班	0.0625	0.0875	0.125	0.1875	0.15	0.15625	0.21875	0.25
红外测温仪	台班	0.0625	0.0875	0.125	0.1875	0.15	0.15625	0.21875	0.25

2.1.4.2 SF₆气体泄漏红外检测

SF₆气体泄漏红外检测的工作内容：采用 SF₆ 气体红外检漏仪，按照变电设备 SF₆ 气体红外检漏技术要求，对变电站内 SF₆ 设备逐个点位进行气体泄漏检测，出具检测报告。

说明：按变电站电压等级，在其带电正常运行状态下，对 100 个工作点位完成 1 次测量为 1 百点·次。

定额编号		WQ4-9	WQ4-10	WQ4-11	WQ4-12
项　　目		SF₆气体泄漏红外检测			
电压等级		110kV	220kV	500kV	1000kV
单　　位		百点·次	百点·次	百点·次	百点·次
参考标准（元）		665.23	692.95	970.13	1108.71
基价（元）		567.13	590.77	827.07	945.22
人工费（元）		20.63	21.49	30.08	34.38
材料费（元）		0	0	0	0
机械费（元）		546.51	569.28	796.99	910.85
名　　称	单位	数　　量			
人工 安装技术工	工日	0.3	0.3125	0.4375	0.5
机械 电力工程车	台班	0.15	0.15625	0.21875	0.25
SF₆气体红外检漏仪	台班	0.15	0.15625	0.21875	0.25

2.1.4.3 变压器局放检测

变压器局放检测的工作内容：采用高频局放测试仪及变压器超声波局放测试仪等装备对变压器开展高频及超声波局放检测，记录检测数据，出具检测报告。

说明：按变电站电压等级，在其带电正常运行状态下，对 1 台变压器位完成 1 次测量为 1 台·次；如只进行特高频或超声波 1 项检测，费用系数可取 0.6。

定额编号	WQ4－13	WQ4－14	WQ4－15	WQ4－16
项　目	变压器局放检测			
电压等级	110kV	220kV	500kV	1000kV
单　位	台·次	台·次	台·次	台·次
参考标准（元）	3572.56	4287.08	5716.10	7145.13
基价（元）	3205.64	3846.76	5129.02	6411.27
人工费（元）	34.38	41.25	55.00	68.75
材料费（元）	0	0	0	0
机械费（元）	3171.26	3805.51	5074.02	6342.52

	名　称	单位	数　量			
人工	安装技术工	工日	0.5	0.6	0.8	1
机械	电力工程车	台班	0.25	0.3	0.4	0.5
	高频局放测试仪	台班	0.25	0.3	0.4	0.5
	变压器超声波局放测试仪	台班	0.25	0.3	0.4	0.5

2.1.4.4　组合电器局放检测

组合电器局放检测的工作内容：采用组合电器超声波局放测试仪及特高频局放测试仪等装备对组合电器开展超声波及特高频局放检测，记录检测数据，出具检测报告。

说明：根据实际测量设备数量计算，区分电压等级，按"间隔"进行计列；如只进行特高频或超声波一项检测，费用系数可取0.6。

定额编号	WQ4－17	WQ4－18	WQ4－19	WQ4－20
项　目	组合电器局放检测			
电压等级	110kV	220kV	500kV	1000kV
单　位	间隔	间隔	间隔	间隔
参考标准（元）	249.44	498.89	748.33	997.77
基价（元）	219.85	439.71	659.56	879.42

定额编号		WQ4－17	WQ4－18	WQ4－19	WQ4－20
项　　目		组合电器局放检测			
人工费（元）		4.30	8.59	12.89	17.19
材料费（元）		0	0	0	0
机械费（元）		206.93	413.87	551.83	862.23
名　　称	单位	数　　量			
人工　安装技术工	工日	0.0625	0.1	0.12	0.25
机械	电力工程车	台班	0.03	0.06	0.08	0.125
	特高频局放测试仪	台班	0.03	0.06	0.08	0.125
	组合电器超声波局放测试仪	台班	0.03	0.06	0.08	0.125

2.1.4.5　开关柜局放检测

开关柜局放检测的工作内容：采用开关柜超声波局放测试仪及暂态地电压局放测试仪等装备对开关柜开展超声波及暂态地电压局放检测，记录检测数据，出具检测报告。

说明：根据实际测量设备数量计算，不区分电压等级，按"面"进行计列；如只进行暂态地电波或超声波一项检测，费用系数可取 0.6。

定额编号	WQ4－21
项　　目	开关柜局放检测
单　　位	面
参考标准（元）	204.73
基价（元）	178.83
人工费（元）	4.30
材料费（元）	0
机械费（元）	174.53

定额编号		WQ4-21	
项　目		开关柜局放检测	
名　称	单位	数　量	
人工	安装技术工	工日	0.0625
机械	电力工程车	台班	0.03125
	开关柜超声波局放测试仪	台班	0.03125
	暂态低电压局放测试仪	台班	0.03125

2.1.4.6　避雷器泄漏电流检测

避雷器泄漏电流检测的工作内容：采用避雷器泄漏电流测试仪等装备对变电站带电运行状态下的避雷器泄漏电流进行测量，诊断避雷器运行状态，出具检测报告。

说明：不区分变电站电压等级，在其带电正常运行状态下，对 1 个工作点位完成 1 次测量为 1 台·次。

定额编号		WQ4-22	
项　目		避雷器泄漏电流检测	
单　位		台·次	
参考标准（元）		112.81	
基价（元）		77.00	
人工费（元）		12.67	
材料费（元）		0	
机械费（元）		64.33	
名　称	单位	数　量	
人工	普工	工日	0.1875
	安装技术工	工日	0.0625
机械	电力工程车	台班	0.0625
	避雷器泄露电流测试仪	台班	0.0625

2.1.4.7 变电站电容电流检测

变电站电容电流检测的工作内容：采用母线电容电流测量仪等装备对变电站 10kV 和 35kV 不直接接地系统母线电容电流进行测量计算，出具检测报告。

说明：根据实际测量设备数量计算，不区分电压等级，按"段"进行计列。

定额编号		WQ4-23	
项　目		变电站电容电流检测	
单　位		段	
参考标准（元）		939.23	
基价（元）		814.03	
人工费（元）		22.77	
材料费（元）		0	
机械费（元）		791.26	
名　称	单位	数　量	
人工	普工	工日	0.125
	安装技术工	工日	0.25
机械	电力工程车	台班	0.125
	母线电容电流测量仪	台班	0.125

2.1.4.8 变电站电能质量检测

变电站电能质量检测的工作内容：依据《国家电网公司电网谐波管理规定》〔国网（运检3）919—2018〕要求，变电站高压侧母线应按周期（500kV 及以上母线为 2 年、220kV 母线为 3 年、110kV 母线为 6 年）完成电能质量指标轮测，且测试时间连续不少于 24 小时。采用便携式谐波测试仪对变电站母线进行现场谐波测试，记录分析检测结果，出具检测报告。

说明：根据实际测量设备数量计算，不区分电压等级，按"条"进行计列。

定额编号		WQ4－24	
项　　目		变电站电能质量检测	
单　　位		条	
参考标准（元）		6226.07	
基价（元）		4416.98	
人工费（元）		618.78	
材料费（元）		0	
机械费（元）		3798.20	
名　　称		单位	数　　量
人工	安装技术工	工日	9
机械	电力工程车	台班	3
	便携式谐波测试仪	台班	3

2.2　输电部分

输电部分包含无人机巡检、通道运维、通道治理、登杆检查4类。

2.2.1　无人机巡检

无人机巡检的工作内容：对设备本体及通道进行无人机巡检拍照，将巡检照片进行上传并分析，出具巡检报告。

说明：不区分电压等级，完成1km单回路输电线路无人机巡检并进行数据分析及上传等工作为1km，多回路时以线路路径长度计算工程量；同塔多回线路同时测量每增加一回路，可乘以系数1.5；如果无人机由业主提供，相关费用需扣除。

定额编号		WX1-1
项 目		无人机巡检
单 位		km
参考标准（元）		2011.11
基价（元）		1488.79
人工费（元）		213.50
材料费（元）		0
机械费（元）		1275.29
名 称	单位	数 量
人工 输电技术工	工日	3
机械 无人机	台班	3
电力工程车	台班	0.01

2.2.2 通道运维

通道运维的工作内容包括通道巡视、线路盯防、线路保电巡视 3 类。

2.2.2.1 通道巡视

通道巡视的工作内容：根据相关文件标准要求开展线路通道运维、防护，负责通道巡视、隐患管控等。

说明：以日历年内（不区分节假日）完成 1km 输电线路通道在其带电运行状态下的巡视维护为 1km·年。

定额编号	WX2-1
项 目	通道巡视
单 位	km·年
参考标准（元）	2801.50
基价（元）	1387.85
人工费（元）	781.62

定额编号		WX2-1
项　目		通道巡视
材料费（元）		0
机械费（元）		606.23
名　称	单位	数　量
人工　普工	工日	18
输电技术工	工日	0
机械　电力工程车	台班	1.825

2.2.2.2　线路盯防

线路盯防的工作内容：根据线路防外破工作需求，合理配置盯防人员，发现、制止监护通道内的违章吊装、施工、开采、挖掘、打桩、建筑、钓鱼、放风筝等危及线路安全的作业或行为。

说明：不区分电压等级，每名人员完成1个工作日盯防工作为1人·天。

定额编号		WX2-2
项　目		线路盯防
单　位		人·天
参考标准（元）		299.97
基价（元）		209.51
人工费（元）		43.42
材料费（元）		0
机械费（元）		166.09
名　称	单位	数　量
人工　普工	工日	1
机械　电力工程车	台班	0.5

2.2.2.3　线路保电巡视

线路保电巡视的工作内容：根据线路保电巡视需求，合理配置保电人员，对保电线路本体及通道开展巡视和隐患管控工作，发现并制止通道内的违章吊装、施工、开采、挖掘、打桩、建筑、钓鱼、放风筝等危及线路安全的作业或行为。

说明：不区分电压等级，每名人员完成1个工作日盯防工作为1人·天。

定额编号		WX2-3	
项 目		线路保电巡视	
单 位		人·天	
参考标准（元）		299.97	
基价（元）		209.51	
人工费（元）		43.42	
材料费（元）		0	
机械费（元）		166.09	
名 称	单位	数 量	
人工	普工	工日	1
	输电技术工	工日	0
机械	电力工程车	台班	0.5

2.2.3 通道治理

通道治理的工作内容包括树木清障、异物源清理、易燃物清理3类。

2.2.3.1 树木清障

树木清障的工作内容：根据线路运维要求，对影响输电线路正常运行的树木进行修剪（砍伐）、树枝清理运输，并负责民事协调工作。

说明：不区分电压等级，完成1棵树木的修剪（砍伐）、清理并且处理好相关民事赔偿工作（不含青苗补偿费），为1棵。

定额编号	WX3-1
项　目	树木清障
单　位	棵
参考标准（元）	17.46
基价（元）	8.38
人工费（元）	5.05
材料费（元）	0
机械费（元）	3.32

名　称		单位	数　量
人工	普工	工日	0.1
	输电技术工	工日	0.01
机械	电力工程车	台班	0.01

2.2.3.2　异物源清理

异物源清理的工作内容：根据通道运维要求，对线路通道内的垃圾堆、锡箔纸、塑料布、大棚等易漂浮物进行清理、加固、掩埋。

说明：不区分线路电压等级，对输电线路通道内的异物源进行清理，以每处计列工作量。

定额编号	WX3-2
项　目	异物源清理
单　位	处
参考标准（元）	328.38
基价（元）	169.89
人工费（元）	86.85
材料费（元）	0
机械费（元）	83.05

名　称		单位	数　量
人工	普工	工日	2
机械	电力工程车	台班	0.25

2.2.3.3 易燃物清理

易燃物清理的工作内容：根据通道运维要求，对线路通道内的杂草、芦苇、堆积物等易燃物进行清理。

说明：不区分线路电压等级，对输电线路通道内的易燃物进行清理，以每处计列工作量。

定额编号		WX3-3	
项 目		易燃物清理	
单 位		处	
参考标准（元）		328.38	
基价（元）		169.89	
人工费（元）		86.85	
材料费（元）		0	
机械费（元）		83.05	
名 称	单位	数 量	
人工	普工	工日	2
机械	电力工程车	台班	0.25

2.2.4 登杆检查

登杆检查的工作内容包括直线杆登杆塔检查、耐张杆登杆塔检查2类。

2.2.4.1 直线杆登杆塔检查

直线杆登杆塔检查的工作内容：登直线杆塔检查，清除杆塔异物、更换防鸟器、复紧金具螺栓等。

说明：按照输电线路电压等级划分，完成1基杆塔登杆塔检查为1基。

定额编号		WX4-1	WX4-2	WX4-3	WX4-4	WX4-5	WX4-6	WX4-7
项 目		直线杆登杆塔检查						
		35kV	110kV	220kV	500kV	1000kV	±660kV	±800kV
单 位		基						
参考标准（元）		67.59	88.84	135.92	203.51	306.58	214.37	255.89
基价（元）		44.68	62.43	79.62	124.30	211.93	134.26	165.42
人工费（元）		11.46	12.60	29.79	41.25	45.84	41.25	45.84
材料费（元）		0	0	0	0	0	0	0
机械费（元）		33.22	49.83	49.83	83.05	166.09	93.01	119.59
名 称	单位	数 量						
人工	普工	工日	0.1	0.11	0.26	0.36	0.4	0.36	0.4
	输电技术工	工日	0.1	0.11	0.26	0.36	0.4	0.36	0.4
机械	电力工程车	台班	0.1	0.15	0.15	0.25	0.5	0.28	0.36

2.2.4.2 耐张杆登杆塔检查

耐张杆登杆塔检查的工作内容：登耐张杆塔检查，测零清扫瓷瓶、清除杆塔异物、更换防鸟器、复紧金具螺栓等。

说明：按照输电线路电压等级划分，完成 1 基杆塔登杆塔检查为 1 基。

定额编号	WX4-8	WX4-9	WX4-10	WX4-11	WX4-12	WX4-13	WX4-14
项 目	耐张杆登杆塔检查						
	35kV	110kV	220kV	500kV	1000kV	±660kV	±800kV
单 位	基						
参考标准（元）	73.87	101.39	148.47	216.06	353.66	226.93	312.39
基价（元）	46.97	67.02	84.20	128.88	229.11	138.85	186.05
人工费（元）	13.75	17.19	34.38	45.84	63.02	45.84	66.46

定额编号		WX4-8	WX4-9	WX4-10	WX4-11	WX4-12	WX4-13	WX4-14
项 目		耐张杆登杆塔检查						
		35kV	110kV	220kV	500kV	1000kV	±660kV	±800kV
材料费（元）		0	0	0	0	0	0	0
机械费（元）		33.22	49.83	49.83	83.05	166.09	93.01	119.59
名 称	单位	数 量						
人工	普工 工日	0.12	0.15	0.3	0.4	0.55	0.4	0.58
	输电技术工 工日	0.12	0.15	0.3	0.4	0.55	0.4	0.58
机械	电力工程车 台班	0.1	0.15	0.15	0.25	0.5	0.28	0.36

2.3 配电部分

配电部分包含配电站所环境维护、配电设备带电检测、配电信息采集、配电自动化系统维护、配电自动化终端维护、接地短路故障指示器维护、信息系统运维、绝缘斗臂车试验、不停电作业工器具、个人防护用具预防性试验、绝缘斗臂车整车检查、保养和功能测试等 12 类。

2.3.1 配电站所环境维护

配电站所环境维护的工作内容共 6 类，包括配电站所门窗维修，棚顶站所墙体及棚顶粉刷，设备孔洞封堵，配电设备基础防水、防渗漏治理，配电站房屋顶防渗漏治理，开关柜间隔防火治理。

2.3.1.1 配电站所门窗维修

配电站所门窗维修的工作内容：将原有防火门更换为甲级钢质耐火、隔音门，窗户的玻璃采用双层防火玻璃，中间填充防火化学液体，根据运维要求变更为统一颜色、材质。

说明：根据实际配电站所门窗维修面积计算，完成 $1m^2$ 门窗维修计为 $1m^2$。

定额编号		WP1－1
项　目		配电站所门窗维修
单　位		m^2
参考标准（元）		2089.66
基价（元）		1882.28
人工费（元）		25.87
材料费（元）		1853.09
机械费（元）		3.32
名　称	单位	数　量
人工	技术工	工日	0.4
计价材料	射钉	个	60
	胶	kg	1.61
	门窗	m^2	1.14
机械	喷枪	台班	0.002
	电力工程车	台班	0.01

2.3.1.2　棚顶站所墙体及棚顶粉刷

棚顶站所墙体及棚顶粉刷的工作内容：对配电站房的室内墙体粉刷，地面与墙体整体清扫处理，采用白石灰对棚顶水印进行刷白，站房内电缆沟清扫，配电室全部墙角的除霉以及干燥处理。

说明：根据实际配电站所数量计算，完成 1 座配电室维修计为 1 座。

定额编号	WP1－2
项 目	棚顶站所墙体及棚顶粉刷
单 位	座
参考标准（元）	39.75
基价（元）	23.34
人工费（元）	9.75
材料费（元）	10.27
机械费（元）	3.32

名 称		单位	数 量
人工	普工	工日	0.06
	建筑技术工	工日	0.11
计价材料	板材红白松二等	m³	0.003
	加气混凝土界面剂	kg	2.9
	双飞粉	kg	1.6
	水	t	0.01
机械	电力工程车	台班	0.01

2.3.1.3 设备孔洞封堵

设备孔洞封堵的工作内容：采用速固 JZD 型堵料，每处按 2kg 考虑，包含一次设备底板孔洞封堵，站所终端二次设备孔洞封堵采用速固 JZD 型堵料，每处按照 2kg 考虑。

说明：根据实际封堵孔洞数量计算，完成 1 处设备孔洞封堵计为 1 处。

定额编号	WP1－3
项 目	设备孔洞封堵
单 位	处
参考标准（元）	439.35
基价（元）	373.73

定额编号		WP1-3	
项　目		设备孔洞封堵	
人工费（元）		21.79	
材料费（元）		345.16	
机械费（元）		6.78	
名　称		单位	数　量
人工	建筑技术工	工日	0.34
计价材料	防火堵料速固JZD	kg	2
机械	喷枪	台班	0.13
	电力工程车	台班	0.02

2.3.1.4　配电设备基础防水、防渗漏治理

配电设备基础防水、防渗漏治理的工作内容：采用进口橡胶防水卷材，人工将防水进口橡胶涂覆于配电设备基础外层，自然状态下凝固。

说明：根据实际治理修复数量计算，完成 $1m^2$ 配电设备基础防水计为 $1m^2$。

定额编号		WP1-4	
项　目		配电设备基础防水、防渗漏治理	
单　位		m^2	
参考标准（元）		5825.38	
基价（元）		5315.22	
人工费（元）		21.66	
材料费（元）		5290.24	
机械费（元）		3.32	
名　称		单位	数　量
人工	普工	工日	0.25
	建筑技术工		0.16

定额编号			WP1－4
项　目			配电设备基础防水、防渗漏治理
名　称		单位	数　量
计价材料	橡胶卷材	m²	1.13
	铁钉、圆钉、铁扣件	kg	0.04
	橡胶黏结剂	kg	0.53
	防锈漆	kg	1
机械	电力工程车	台班	0.01

2.3.1.5　配电站房屋顶防渗漏治理

配电站房屋顶防渗漏治理的工作内容：采用防水油毡材料，人工将防水油毡铺贴于配电站房屋顶（铺贴时需采用喷灯加热施工工艺）。

说明：根据实际治理修复数量计算，完成 1m² 配电站房屋顶防水计为 1m²。

定额编号			WP1－5
项　目			配电站房屋顶防渗漏治理
单　位			m²
参考标准（元）			120.6
基价（元）			86.98
人工费（元）			17.54
材料费（元）			66.09
机械费（元）			3.32
名　称		单位	数　量
人工	普工	工日	0.2
	建筑技术工		0.13
计价材料	防水油毡	m²	1.13
机械	电力工程车	台班	0.01

2.3.1.6 开关柜间隔防火治理

开关柜间隔防火治理的工作内容：对 XGN 型高压柜、KYN 型手车柜、SF₆ 环网箱等常用柜型，在环网柜间隔内安装独立防火装置。

说明：根据实际防火装置更换数量计算，完成 1 面开关柜防火装置更换计为 1 间隔。

定额编号		WP1－6
项　　目		开关柜间隔防火治理
单　　位		间隔
参考标准（元）		1127.78
基价（元）		905.05
人工费（元）		96.25
材料费（元）		788.32
机械费（元）		20.47
名　　称	单位	数　量
人工　安装技术工	工日	1.4
计价材料　防火装置	套	1
机械　电力工程车	台班	0.06
便携式维护终端	台班	0.01

2.3.2 配电设备带电检测

配电设备带电检测的工作内容共 6 类，包括红外、局放综合检测（环网柜），红外、局放综合检测（配电室），红外、局放综合检测（分支箱），红外、局放综合检测（箱式变压器），红外、局放综合检测（柱上配变台区），红外、局放综合检测（架空线路）。

2.3.2.1 红外、局放综合检测（环网柜）

红外、局放综合检测（环网柜）的工作内容：采用超声波局放检测仪对环网柜进行局放检测；采用红外测温仪，按照变电设备红外测温技术要求，对环网柜内所有设备的逐个点位进行测温记录，出具检测及测温报告。

说明：根据实际检测设备数量计算，完成1面环网柜检测计为1台。

定额编号		WP2－1
项　　目		红外、局放综合检测（环网柜）
单　　位		台
参考标准（元）		465.59
基价（元）		238.75
人工费（元）		139.92
材料费（元）		41.84
机械费（元）		56.98
名　　称	单位	数　　量
人工　调试技术工	工日	1.45
计价材料　铜芯聚氯乙烯绝缘电线（25mm²）	m	1.6
计价材料　铜接线端子（25mm²）	个	0.8
机械　超声波局放检测仪	台班	0.19
机械　电力工程车	台班	0.02
机械　手持高精度低温红外测温仪	台班	0.24

2.3.2.2　红外、局放综合检测（配电室）

红外、局放综合检测（配电室）的工作内容：采用超声波局放检测仪对配电室的高压柜、变压器、低压柜进行局放检测；采用红外测温仪，按照变电设备红外测温技术要求，对配电室内所有设备的逐个点位进行测温记录，出具检测及测温报告。

说明：根据实际检测设备数量计算，完成1台配电室配变检测或完成配电室内1面高压开关柜检测计为1台。

定额编号	WP2－2
项　目	红外、局放综合检测（配电室）
单　位	台
参考标准（元）	465.59
基价（元）	238.75
人工费（元）	139.92
材料费（元）	41.84
机械费（元）	56.98

	名　称	单位	数　量
人工	调试技术工	工日	1.45
计价材料	铜芯聚氯乙烯绝缘电线（25mm²）	m	1.60
	铜接线端子（25mm²）	个	0.80
机械	超声波局放检测仪	台班	0.19
	电力工程车	台班	0.02
	手持高精度低温红外测温仪	台班	0.24

2.3.2.3　红外、局放综合检测（分支箱）

红外、局放综合检测（分支箱）的工作内容：采用超声波局放检测仪对分支箱中各接线端子处进行局放检测；采用红外测温仪，按照变电设备红外测温技术要求，对分支箱内所有设备的逐个点位进行测温记录，出具检测及测温报告。

说明：根据实际检测设备数量计算，不区分电缆分接箱回路数，按"台"进行计列。

定额编号	WP2－3
项　目	红外、局放综合检测（分支箱）
单　位	台
参考标准（元）	465.59
基价（元）	238.75

定额编号		WP2-3
项　　目		红外、局放综合检测（分支箱）
人工费（元）		139.92
材料费（元）		41.84
机械费（元）		56.98
名　　称	单位	数　　量
人工 调试技术工	工日	1.45
计价材料 铜芯聚氯乙烯绝缘电线（25mm²）	m	1.6
铜接线端子（25mm²）	个	0.8
机械 超声波局放检测仪	台班	0.19
电力工程车	台班	0.02
手持高精度低温红外测温仪	台班	0.24

2.3.2.4　红外、局放综合检测（箱式变压器）

红外、局放综合检测（箱式变压器）的工作内容：采用超声波局放检测仪对箱式变压器中的高压柜、变压器、低压柜进行局放检测；采用红外测温仪，按照变电设备红外测温技术要求，对箱式变压器内所有设备的逐个点位进行测温记录，出具检测及测温报告。

说明：根据实际检测设备数量计算，不区分箱式变压器容量、高低压柜数量，按"台"进行计列。

定额编号	WP2-4
项　　目	红外、局放综合检测（箱式变压器）
单　　位	台
参考标准（元）	465.59
基价（元）	238.75
人工费（元）	139.92
材料费（元）	41.84

定额编号		WP2－4
项　目		红外、局放综合检测（箱式变压器）
机械费（元）		56.98
名　称	单位	数　量
人工	调试技术工	工日	1.45
计价材料	铜芯聚氯乙烯绝缘电线（25mm²）	m	1.6
	铜接线端子（25mm²）	个	0.80
机械	超声波局放检测仪	台班	0.19
	电力工程车	台班	0.02
	手持高精度低温红外测温仪	台班	0.24

2.3.2.5　红外、局放综合检测（柱上配变台区）

红外、局放综合检测（柱上配变台区）的工作内容：采用超声波局放检测仪对柱上配变台区高低压接线端子进行局放检测；采用红外测温仪，按照变电设备红外测温技术要求，对柱上变压器以及变压器附属设备内所有设备的逐个点位进行测温记录，出具检测及测温报告。

说明：根据实际测量设备数量计算，不区分配变容量，按"台"进行计列。

定额编号	WP2－5
项　目	红外、局放综合检测（柱上配变台区）
单　位	台
参考标准（元）	465.59
基价（元）	238.75
人工费（元）	139.92
材料费（元）	41.84
机械费（元）	56.98

定额编号			WP2－5	
项　目			红外、局放综合检测（柱上配变台区）	
名　称		单位	数　量	
人工	调试技术工	工日	1.45	
计价材料	铜芯聚氯乙烯绝缘电线（25mm²）	m	1.6	
	铜接线端子（25mm²）	个	0.8	
机械	超声波局放检测仪	台班	0.19	
	电力工程车	台班	0.02	
	手持高精度低温红外测温仪	台班	0.24	

2.3.2.6　红外、局放综合检测（架空线路）

红外、局放综合检测（架空线路）的工作内容：采用超声波局放检测仪对架空线路中杆塔、柱上开关、金具以及附属设备进行局放检测；采用红外测温仪，按照输线路红外测温技术要求，对架空线路及附属设备内所有设备的逐个点位进行测温记录，出具检测及测温报告。

说明：对 1km 三相架空线路（含绝缘子、金具、柱上开关、隔离开关、跌落保险、避雷器、接头、引线）完成 1 次检测为 1km。

定额编号	WP2－6
项　目	红外、局放综合检测（架空线路）
单　位	km
参考标准（元）	598.44
基价（元）	307.55
人工费（元）	176.59
材料费（元）	0
机械费（元）	130.97

定额编号		WP2-6	
项　目		红外、局放综合检测（架空线路）	
名　称	单位	数　量	
人工	调试技术工	工日	1.83
机械	电力工程车	台班	0.14
	超声波局放检测仪	台班	0.28
	手持高精度低温红外测温仪	台班	0.42

2.3.3　配电信息采集

配电信息采集的工作内容包括配电架空线路信息采集、配电台区信息采集、站所设备信息采集3类。

2.3.3.1　配电架空线路信息采集

配电架空线路信息采集的工作内容：对配电架空线路信息采集，对电杆位置以及电杆的双重名称进行采集整改，对柱上开关等柱上设备进行信息采集并进行日常维护，对隔离开关、熔断器、避雷器等辅助设施的设备参数及数量进行信息采集，最终形成完整的架空线路设备信息库。

说明：对1km三相架空线路（含电杆、柱上开关、隔离开关、跌落保险、避雷器）完成1次信息采集为1km。

定额编号	WP3-1
项　目	配电架空线路信息采集
单　位	km
参考标准（元）	786.75
基价（元）	376.9
人工费（元）	252.22
材料费（元）	0
机械费（元）	124.68

续表

定额编号			WP3－1
项　目			配电架空线路信息采集
名　称		单位	数　量
人工	普工	工日	1.80
	安装技术工	工日	2.50
机械	数据采集记录仪	台班	0.16
	电力工程车	台班	0.01

2.3.3.2　配电台区信息采集

配电台区信息采集的工作内容：利用远程监控设备对配电变压器的运行参数进行采集并记录，对低压设备的开关及低压电缆进行信息采集并维护。

说明：根据实际采集设备数量计算，不区分配变容量，按"座"进行计列。

定额编号			WP3－2
项　目			配电台区信息采集
单　位			座
参考标准（元）			143.34
基价（元）			63.94
人工费（元）			50.18
材料费（元）			3.50
机械费（元）			10.26
名　称		单位	数　量
人工	普工	工日	0.20
	安装技术工	工日	0.60
计价材料	镀锌六角螺栓综合	kg	0.23
	标签色带 [(12～36)×8m]	卷	0.10
机械	数字万用表（数字式）	台班	0.40
	电力工程车	台班	0.01

66

2.3.3.3　站所设备信息采集

站所设备信息采集的工作内容：利用自动化等远程监测设备对站所（开关站、开闭所、配电室、箱式变电站）内在运设备进行信息采集，并对信息进行更新与汇总，对错误信息进行核实更正。

说明：根据实际采集设备数量计算，不区分配电站所类别（含箱式变电站、环网柜、环网箱、开关站），按"座"进行计列。

定额编号		WP3-3	
项　　目		站所设备信息采集	
单　　位		座	
参考标准（元）		112.58	
基价（元）		51.91	
人工费（元）		38.15	
材料费（元）		3.50	
机械费（元）		10.26	
名　　称	单位	数　　量	
人工	普工	工日	0.10
	安装技术工	工日	0.49
计价材料	镀锌六角螺栓综合	kg	0.23
	标签色带 [（12～36）×8m]	卷	0.10
机械	数字万用表（数字式）	台班	0.40
	电力工程车	台班	0.01

2.3.4　配电自动化系统维护

配电自动化系统维护的工作内容共4类，包括配电自动化直流系统蓄电池检测、配电自动化主站运行维护、配电自动化主站等级保护测评、配电自动化主站安全防护测试。

2.3.4.1　配电自动化直流系统蓄电池检测

配电自动化直流系统蓄电池检测的工作内容：采用外置蓄电

池充放检测仪对原有配电自动化终端直流系统中的蓄电池进行充放试验，并对蓄电池进行校对。

说明：根据实际检测蓄电池组数量计算，不区分蓄电池容量，按"组"进行计列。

定额编号		WP4-1	
项　目		配电自动化直流系统蓄电池检测	
单　位		组	
参考标准（元）		405.46	
基价（元）		261.57	
人工费（元）		82	
材料费（元）		8.19	
机械费（元）		171.38	
名　称	单位	数　量	
人工	普工	工日	0.42
	安装技术工	工日	0.92
计价材料	镀锌六角螺栓综合	kg	0.28
	凡士林	kg	0.50
	热塑管	m	0.50
机械	电力工程车	台班	0.17
	蓄电池活化仪	台班	0.12
	蓄电池内阻测试仪	台班	0.23
	蓄电池特性容量监测仪	台班	0.16

2.3.4.2　配电自动化主站运行维护

配电自动化主站运行维护的工作内容：对配电自动化主站系统进行日常运行以及数据维护，以"套"为单位对主站系统的数据进行校对并记录。

说明：根据实际维护配电自动化主站系统数量计算，一般以地市级大型主站为依据，按"套"进行计列。

定额编号	WP4-2
项目	配电自动化主站运行维护
单位	套
参考标准（元）	450014.93
基价（元）	183188.91
人工费（元）	170566.00
材料费（元）	0
机械费（元）	12622.91

	名称	单位	数量
人工	实施人员	工日	155.06
机械	电力工程车	台班	38.00

2.3.4.3 配电自动化主站等级保护测评

配电自动化主站等级保护测评的工作内容：对主站系统保护等级进行升级，通过增加加密装置进行保护等级提升。

说明：根据实际等级保护测评配电自动化主站系统数量计算，一般以地市级大型主站为依据，按"套"进行计列。

定额编号	WP4-3
项目	配电自动化主站等级保护测评
单位	套
参考标准（元）	201794.43
基价（元）	81451.24
人工费（元）	77000
材料费（元）	0
机械费（元）	4451.24

	名称	单位	数量
人工	实施人员	工日	70
机械	电力工程车	台班	13.40

2.3.4.4 配电自动化主站安全防护测试

配电自动化主站安全防护测试的工作内容：采用不同外置攻防系统对配电自动化主站系统中的安全防护进行测试，加强安全防护等级。

说明：根据实际安全防护测试配电自动化主站系统数量计算，一般以地市级大型主站为依据，按"套"进行计列。

定额编号		WP4－4	
项　目		配电自动化主站安全防护测试	
单　位		套	
参考标准（元）		152036.05	
基价（元）		59499.93	
人工费（元）		59400	
材料费（元）		0	
机械费（元）		99.93	
名　称	单位	数　量	
人工	实施人员	工日	54
机械	电力工程车	台班	7

2.3.5 配电自动化终端维护

配电自动化终端维护的工作内容包括 FTU 维护、DTU 维护、TTU 维护 3 类。

2.3.5.1 FTU 维护

FTU 维护的工作内容：线路 FTU 终端二次回路检查测试，终端离线消缺，参数定值修改，终端信号调取分析，软件版本升级，终端网络安全防护，电池/电容检测更换，终端二次接线排查紧固，各类模块及插件更换，本体及模块清扫及防腐，功能部件调试维护。

说明：根据实际维护 FTU 数量计算，不区分 FTU 型式（罩式、箱式），按"套"进行计列。

定额编号	WP5 - 1
项 目	FTU 维护
单 位	套
参考标准（元）	254.88
基价（元）	141.25
人工费（元）	68.75
材料费（元）	0.93
机械费（元）	71.57

名 称		单位	数 量
人工	安装技术工	工日	1
计价材料	刷子	把	0.1
机械	电子摇表	个	0.1
	数字万用表	个	0.19
	电力工程车	台班	0.2

2.3.5.2 DTU 维护

DTU 维护的工作内容：线路 DTU 终端二次回路检查测试，终端离线消缺，参数定值修改，终端信号调取分析，软件版本升级，终端网络安全防护，电池/电容检测更换，终端二次接线排查紧固，各类模块及插件更换，本体及模块清扫及防腐，功能部件调试维护。

说明：根据实际维护 DTU 数量计算，不区分 DTU 型式（户内组屏式、户内立式、户内遮蔽卧式、户内间隔式、户外立式）及控制间隔数量，按"套"进行计列。

定额编号	WP5 - 2
项 目	DTU 维护
单 位	套
参考标准（元）	406.26

定额编号		WP5－2	
项　目		DTU 维护	
基价（元）		215.33	
人工费（元）		116.88	
材料费（元）		9.32	
机械费（元）		89.13	
名　称	单位	数　量	
人工	安装技术工	工日	1.7
计价材料	刷子	把	1
机械	电子摇表	个	1
	数字万用表	个	0.25
	电力工程车	台班	0.2

2.3.5.3　TTU 维护

TTU 维护的工作内容：线路 TTU 终端二次回路检查测试，终端离线消缺，参数定值修改，终端信号调取分析，软件版本升级，终端网络安全防护，电池/电容检测更换，终端二次接线排查紧固，各类模块及插件更换，本体及模块清扫及防腐，功能部件调试维护。

说明：根据实际维护 TTU 数量计算，不区分 TTU 型式（普通终端、融合终端），按"套"进行计列。

定额编号	WP5－3
项　目	TTU 维护
单　位	套
参考标准（元）	218.43
基价（元）	117.08
人工费（元）	61.88

定额编号		WP5-3	
项　目		TTU维护	
材料费（元）		0.93	
机械费（元）		54.27	
名　称		单位	数　量
人工	安装技术工	工日	0.9
计价材料	刷子	把	0.1
机械	电子摇表	个	0.1
	数字万用表	个	0.15
	电力工程车	台班	0.15

2.3.6　接地短路故障指示器维护

接地短路故障指示器维护的工作内容：线路接地型短路故障指示器二次回路检查测试，终端离线消缺，参数定值修改，终端信号调取分析，软件版本升级，终端网络安全防护，电池/电容检测更换，终端二次接线排查紧固，各类模块及插件更换，本体及模块清扫及防腐，功能部件调试维护。

说明：根据实际维护接地短路故障指示器数量计算，一般含汇聚单元、采集单元（一组3只）、太阳能板，按"套"进行计列。

定额编号	WP6-1
项　目	接地短路故障指示器维护
单　位	套
参考标准（元）	219.73
基价（元）	106.23
人工费（元）	70.82
材料费（元）	0.93

定额编号			WP6-1
项　　目			接地短路故障指示器维护
机械费（元）			34.48
名　　称		单位	数　　量
人工	安装技术工	工日	1.03
计价材料	刷子	把	0.1
机械	电子摇表	个	0.1
	数字万用表	个	0.35
机械	电力工程车	台班	0.08

2.3.7　信息系统运维

信息系统运维的工作内容包括信息系统功能运维、信息系统功能升级 2 类。

2.3.7.1　信息系统功能运维

信息系统功能运维的工作内容：进行信息录入，功能模块维护，功能模块升级，系统功能维护及升级。

说明：每名人员完成 1 个工作日信息系统功能运维工作计为 1 人·天。

定额编号	WP7-1
项　　目	信息系统功能运维
单　　位	人·天
参考标准（元）	1104.20
基价（元）	494.62
人工费（元）	385
材料费（元）	0
机械费（元）	109.62

定额编号		WP7－1
项　目		信息系统功能运维
名　称	单位	数　量
人工　实施人员	工日	0.35
机械　电力工程车	台班	0.33

2.3.7.2 信息系统功能升级

信息系统功能升级的工作内容：进行信息录入，功能模块维护，功能模块升级，系统功能维护及升级。

说明：每名人员完成1个工作日信息系统升级工作，计为1人·天。

定额编号		WP7－2
项　目		信息系统功能升级
单　位		人·天
参考标准（元）		1104.20
基价（元）		494.62
人工费（元）		385
材料费（元）		0
机械费（元）		109.62
名　称	单位	数　量
人工　实施人员	工日	0.35
机械　电力工程车	台班	0.33

2.3.8 绝缘斗臂车试验

绝缘斗臂车试验的工作内容：对臂架结构检测试验，工作斗检测试验，小吊检测试验，液压系统检测试验，电气控制系统检测试验，应急泵检测试验以及其他检测试验。

说明：对1辆绝缘斗臂车完成1次预防性试验计为1辆。

定额编号	WP8－1
项　目	绝缘斗臂车试验
单　位	辆
参考标准（元）	8094.11
基价（元）	6048.31
人工费（元）	1023
材料费（元）	0
机械费（元）	5025.31

	名　称	单位	数　量
人工	实施人员	工日	0.93
机械	高压工频耐压试验装置 1000kV	台班	0.09
	阻性电流测试仪	台班	0.10
	电力工程车	台班	0.42

2.3.9　不停电作业工器具、个人防护用具预防性试验

不停电作业工器具、个人防护用具预防性试验的工作内容：对绝缘杆、绝缘托瓶架、绝缘（临时）横担、绝缘平台、屏蔽服装、静电防护服装等不停电作业绝缘工器具、个人防护用具进行预防性试验，并出具报告。

说明：对 1 件不停电作业工器具、个人防护用具完成 1 次预防性试验计为 1 件。

定额编号	WP9－1
项　目	不停电作业工器具、个人防护用具预防性试验
单　位	件
参考标准（元）	302.77
基价（元）	188.90
人工费（元）	66
材料费（元）	0
机械费（元）	122.90

定额编号		WP9-1	
项 目		不停电作业工器具、个人防护用具预防性试验	
名 称	单位	数 量	
人工	实施人员	工日	0.06
机械	绝缘工器具	台班	0.1
	电力工程车	台班	0.2

2.3.10 绝缘斗臂车整车检查、保养和功能测试

绝缘斗臂车整车检查、保养和功能测试的工作内容：绝缘斗臂车整车检查、保养和功能测试。

说明：对1辆绝缘斗臂车完成1次整车检查、保养和功能测试计为1次。

定额编号		WP10-1	
项 目		绝缘斗臂车整车检查、保养和功能测试	
单 位		次	
参考标准（元）		56931.03	
基价（元）		37699.91	
人工费（元）		10791.15	
材料费（元）		26760.72	
机械费（元）		148.05	
名 称		单位	数 量
人工	技术工	工日	168.80
计价材料	机油汽油等	L	17
	零部件更换费	元	1
机械	绝缘工器具	台班	1
	液压千斤顶	台班	1
	电力工程车	台班	0.1

3 综合单价参考

3.1 变电部分

变电部分包含水喷雾自动灭火系统检测与维保、主变灭火系统检测与维保。

3.1.1 水喷雾自动灭火系统检测与维保

水喷雾自动灭火系统检测与维保的工作内容：采用专用装备对变电站内的水喷雾自动灭火系统消防泵、雨淋阀、现场控制柜、压力表进行检查，并出具检测报告。

检查变电站内水喷雾自动灭火系统运行工况，对装置、管道、阀门清扫、补漆，并出具维修记录报告说明。

说明：检测人员进入变电站，对1套水喷雾自动灭火系统完成1次检测或维保为1套·次。

定额编号	ZQ1-1	ZQ1-2
项　　目	水喷雾自动灭火系统检测	水喷雾自动灭火系统维保
单　　位	套·次	套·次
参考标准（元）	7500.00	5000.00

3.1.2 主变灭火系统检测与维保

主变灭火系统检测与维保的工作内容：采用专用装备对变电站内的主变自动灭火系统消防泵、雨淋阀、现场控制柜、压力表进行检查；并模拟瓦斯、三侧开关、感温电缆动作检查系统运行工况，并出具检测报告。

检查变电站内水喷雾自动灭火系统运行工况，对装置、管道、阀门清扫、补漆，并出具维修记录报告说明。

说明：检测人员进入变电站，对1套主变固定灭火系统完成1次检测或维保为1套·次。

定额编号	ZQ1-3	ZQ1-4
项 目	主变灭火系统检测	主变灭火系统维保
单 位	套·次	套·次
参考标准（元）	7500.00	5000.00

3.2 输电部分

输电部分包含输电带电绝缘作业车检测，带电作业工器具检测，电缆本体、通道检测。

3.2.1 输电带电绝缘作业车检测

输电带电绝缘作业车检测的工作内容：根据规程要求对输电带电作业绝缘作业车进行工频耐压、泄漏电流、负载等试验检测工作。采用工频耐压测试系统、泄漏电流检测仪及砝码若干，按照输电带电绝缘作业车检测技术要求，在天气环境干燥的情况下对输电带电绝缘作业车进行检测记录，出具检测报告。

说明：根据车辆现场情况，在车辆静止且环境干燥的状态下，对1台输电带电作业绝缘作业车完成1次测量为1台·次。

定额编号	ZX1-1
项 目	输电带电绝缘作业车检测
单 位	台·次
参考标准（元）	25000.46

3.2.2 带电作业工器具检测

带电作业工器具检测的工作内容共 8 类，包括绝缘操作杆、绝缘工具检测，绝缘拉杆、绝缘拉板检测，绝缘硬梯、软梯检测，绝缘绳索检测，托瓶架检测，导电鞋检测，屏蔽服检测，绝缘子卡具检测，上述工器具检测需要送厂家检测。

3.2.2.1 绝缘操作杆、绝缘工具检测

绝缘操作杆、绝缘工具检测的工作内容：根据规程要求对绝缘操作杆、绝缘工具进行工频耐压、拉力试验等试验检测工作。采用工频耐压测试系统、拉力试验机等，按照带电作业工器具检测技术要求，在天气环境干燥的情况下对绝缘操作杆、绝缘工具进行检测记录，出具检测报告。

说明：根据工器具耐压等级，在环境干燥的状态下，对 1 根绝缘操作杆、绝缘工具完成 1 次测量为 1 根·次。

定额编号	ZX2 - 1	ZX2 - 2	ZX2 - 3
项　　目	绝缘操作杆、绝缘工具检测		
	110kV	220kV	500kV
单　　位	根·次		
参考标准（元）	180.29	209.95	760.11

3.2.2.2 绝缘拉杆、绝缘拉板检测

绝缘拉杆、绝缘拉板检测的工作内容：根据规程要求对绝缘拉杆、绝缘拉板进行工频耐压、拉力试验等试验检测工作。采用工频耐压测试系统、拉力试验机等，按照带电作业工器具检测技术要求，在天气环境干燥的情况下对绝缘拉杆、绝缘拉板进行检测记录，出具检测报告。

说明：根据工器具耐压等级，在环境干燥的状态下，对 1 根绝缘拉杆、绝缘拉板完成 1 次测量为 1 根·次。

定额编号	ZX2－4	ZX2－5	ZX2－6
项　目	绝缘拉杆、绝缘拉板检测		
	110kV	220kV	500kV
单　位	根·次		
参考标准（元）	380.62	599.94	880.43

3.2.2.3　绝缘硬梯、软梯检测

绝缘硬梯、软梯检测的工作内容：根据规程要求对绝缘硬梯、软梯进行工频耐压、拉力试验等试验检测工作。采用工频耐压测试系统、拉力试验机等，按照带电作业工器具检测技术要求，在天气环境干燥的情况下对绝缘硬梯、软梯进行检测记录，出具检测报告。

说明：根据工器具耐压等级，在环境干燥的状态下，对1架绝缘硬梯、软梯完成1次测量为1架·次。

定额编号	ZX2－7	ZX2－8	ZX2－9
项　目	绝缘硬梯、软梯检测		
	110kV	220kV	500kV
单　位	架·次		
参考标准（元）	599.91	800.27	1480.81

3.2.2.4　绝缘绳索检测

绝缘绳索检测的工作内容：根据规程要求对绝缘绳索进行工频耐压、拉力试验等试验检测工作。采用工频耐压测试系统、拉力试验机等，按照带电作业工器具检测技术要求，在天气环境干燥的情况下对绝缘绳索进行检测记录，出具检测报告。

说明：根据工器具耐压等级，在环境干燥的状态下，对1根绝缘绳索完成1次测量为1根·次（每50m计列为1根）。

定额编号	ZX2 – 10	ZX2 – 11	ZX2 – 12
项　目	绝缘绳索检测		
	110kV	220kV	500kV
单　位	根·次		
参考标准（元）	380.62	439.92	879.83

3.2.2.5　托瓶架检测

托瓶架检测的工作内容：根据规程要求对托瓶架进行工频耐压、拉力试验等试验检测工作。采用工频耐压测试系统、拉力试验机等，按照带电作业工器具检测技术要求，在天气环境干燥的情况下对托瓶架进行检测记录，出具检测报告。

说明：根据工器具耐压等级，在环境干燥的状态下，对 1 只托瓶架完成 1 次测量为 1 只·次。

定额编号	ZX2 – 13	ZX2 – 14	ZX2 – 15
项　目	托瓶架检测		
	110kV	220kV	500kV
单　位	只·次		
参考标准（元）	380.62	599.94	880.43

3.2.2.6　导电鞋检测

导电鞋检测的工作内容：根据规程要求对导电鞋进行直流电阻等试验检测工作。采用直流电阻测试仪等，按照带电作业工器具检测技术要求，在天气环境干燥的情况下对导电鞋进行检测记录，出具检测报告。

说明：根据规程要求，在环境干燥的状态下，对 1 双导电鞋完成 1 次测量为 1 双·次。

定额编号	ZX2 – 16
项　目	导电鞋检测
单　位	双·次
参考标准（元）	60.57

3.2.2.7 屏蔽服检测

屏蔽服检测的工作内容：根据规程要求对屏蔽服进行直流电阻、屏蔽效率等试验检测工作。采用直流电阻测试仪、屏蔽效率测试系统等，按照带电作业工器具检测技术要求，在天气环境干燥的情况下对屏蔽服进行检测记录，出具检测报告。

说明：根据规程要求，在环境干燥的状态下，对 1 套屏蔽服完成 1 次测量为 1 套·次。

定额编号	ZX2-17
项　　目	屏蔽服检测
单　　位	套·次
参考标准（元）	439.89

3.2.2.8 绝缘子卡具检测

绝缘子卡具检测的工作内容：根据规程要求对绝缘子卡具进行静负荷拉力等试验检测工作。采用拉力试验机等，按照带电作业工器具检测技术要求，在天气环境干燥的情况下对绝缘子卡具进行检测记录，出具检测报告。

说明：根据规程要求，在环境干燥的状态下，对 1 只绝缘子卡具完成 1 次测量为 1 只·次。

定额编号	ZX2-18
项　　目	绝缘子卡具检测
单　　位	只·次
参考标准（元）	880.84

3.2.3 电缆本体、通道检测

电缆本体、通道检测的工作内容包括电缆局放检测、电缆超声波检测、电缆路径探测、电缆路径三维测绘 4 类。

3.2.3.1 电缆局放检测

工作内容：根据规程要求，采用多通道便携式局放诊断定位议等对输电电缆终端、中间接头进行局放检测，其中三相为1组，进行实时的局放检测、监视及定位，准确判断电缆绝缘状况并记录，出具检测报告。

说明：以三相电缆为1组，对1组电缆完成1次测量为1组。

定额编号	ZX3-1
项　　目	电缆局放检测
单　　位	组
参考标准（元）	7000.64

3.2.3.2　电缆超声波检测

电缆超声波检测的工作内容：根据规程要求，采用便携式超声局放巡检仪等对输电电缆头进行超声波局放检测，其中三相电缆头为1组，进行实时的局放检测、监视及定位，准确判断电缆绝缘状况并记录，出具检测报告。

说明：以三相电缆头为1组，对1组电缆头完成1次测量为1组。

定额编号	ZX3-2
项　　目	电缆超声波检测
单　　位	组
参考标准（元）	400.05

3.2.3.3　电缆路径探测

电缆路径探测的工作内容：根据规程要求，采用智能管线探测仪、智能电压隔离器等对输电电缆进行路径探测，判断电缆埋深、识别电缆走向，并安装电缆路径标识，绘制电缆路径图纸。

说明：对1相1km电缆完成1次测量为1km。

定额编号	ZX3-3
项　　目	电缆路径探测
单　　位	km
参考标准（元）	5000.40

3.2.3.4 电缆路径三维测绘

电缆路径三维测绘的工作内容：根据规程要求，需要对非开挖拉管电缆路径进行三维测绘，采用三维惯性陀螺仪与计算机三维计算技术结合的形式，巧妙地综合利用陀螺仪惯导技术、重力矢量计算等交叉学科原理，自动生成基于 X、Y、Z 三维坐标的地下管道曲线图，从而实现精确定位大埋深管道而不受管道材质、埋深、地质条件限制。

说明：对 1 根 1m 的电缆空管道完成 1 次测量为 1m。

定额编号	ZX3－4
项　　目	电缆路径三维测绘
单　　位	m
参考标准（元）	260.90

3.3　配电部分

配电部分包含绝缘斗臂车维修、移动箱变车维修。

3.3.1　绝缘斗臂车维修

绝缘斗臂车维修的工作内容共 9 类，包括绝缘斗臂车支腿维修、绝缘斗臂车回转机构维修、绝缘斗臂车臂架结构维修、绝缘斗臂车工作斗维修、绝缘斗臂车小吊维修、绝缘斗臂车液压系统维修、绝缘斗臂车电气控制系统维修、绝缘斗臂车应急泵维修、绝缘斗臂车其他维修（如绝缘漆修补、密封圈更换、传动系统维修等）。以上均为返厂维修。

3.3.1.1　绝缘斗臂车支腿维修

绝缘斗臂车支腿维修的工作内容：绝缘斗臂车支腿维修、部分材料更换。

说明：对 1 辆绝缘斗臂车完成 1 次支腿维修、部分材料更换计为 1 项。

定额编号	ZP1－1
项　目	绝缘斗臂车支腿维修
单　位	项
参考标准（元）	843

3.3.1.2　绝缘斗臂车回转机构维修

绝缘斗臂车回转机构维修的工作内容：绝缘斗臂车回转机构维修、部分材料更换（包括平衡阀、电磁阀、减速机、齿轮泵、回转马达、按钮开关、线路可靠性、油路可靠性等）。

说明：对1辆绝缘斗臂车完成1次回转机构维修、部分材料更换计为1项。

定额编号	ZP1－2
项　目	绝缘斗臂车回转机构维修
单　位	项
参考标准（元）	957

3.3.1.3　绝缘斗臂车臂架结构维修

绝缘斗臂车臂架结构维修的工作内容：对绝缘斗臂车臂架结构（包括绝缘臂破损、伸缩臂滑轮、下臂防尘罩、吊臂立罩等）维修、部分齿轮材料更换。

说明：对1辆绝缘斗臂车完成1次臂架结构维修、部分材料更换计为1项。

定额编号	ZP1－3
项　目	绝缘斗臂车臂架结构维修
单　位	项
参考标准（元）	695

3.3.1.4　绝缘斗臂车工作斗维修

绝缘斗臂车工作斗维修的工作内容：对绝缘斗臂车工作斗内斗层间绝缘补强、外斗延面绝缘漆修补、破损部位更换等。

说明：对1辆绝缘斗臂车完成1次工作斗维修、部分材料更换计为1项。

定额编号	ZP1-4
项　目	绝缘斗臂车工作斗维修
单　位	项
参考标准（元）	1219

3.3.1.5　绝缘斗臂车小吊维修

绝缘斗臂车小吊维修的工作内容：对绝缘斗臂车小吊吊臂更换、绝缘吊绳更换、升降及转动部位维修、更换。

说明：对1辆绝缘斗臂车完成1次小吊维修、部分材料更换计为1项。

定额编号	ZP1-5
项　目	绝缘斗臂车小吊维修
单　位	项
参考标准（元）	5132

3.3.1.6　绝缘斗臂车液压系统维修

绝缘斗臂车液压系统维修的工作内容：对绝缘斗臂车液压油箱清洗，液压管路清洗、密封、更换，整车液压油更换，密封圈更换。

说明：对1辆绝缘斗臂车完成1次液压系统维修、部分材料更换计为1项。

定额编号	ZP1-6
项　目	绝缘斗臂车液压系统维修
单　位	项
参考标准（元）	9560

3.3.1.7　绝缘斗臂车电气控制系统维修

绝缘斗臂车电气控制系统维修的工作内容：对绝缘斗臂车各

节点传感器维修、更换，控制线路检修、更换，操作装置检修、更换，保护系统检修等。

说明：对 1 辆绝缘斗臂车完成 1 次电气控制系统维修、部分材料更换计为 1 项。

定额编号	ZP1－7
项　　目	绝缘斗臂车电气控制系统维修
单　　位	项
参考标准（元）	2772

3.3.1.8　绝缘斗臂车应急泵维修

绝缘斗臂车应急泵维修的工作内容：对绝缘斗臂车应急启动系统综合检修，应急电源维修、更换。

说明：对 1 辆绝缘斗臂车完成 1 次应急泵维修、部分材料更换计为 1 项。

定额编号	ZP1－8
项　　目	绝缘斗臂车应急泵维修
单　　位	项
参考标准（元）	8145

3.3.1.9　绝缘斗臂车其他维修

绝缘斗臂车其他维修的工作内容：对绝缘斗臂车传动系统保养维修、排气阀更换、泄漏电流监控装置保养维修、警示灯维修更换、绝缘上装固定装置维修、整车接地系统维修更换。

说明：对 1 辆绝缘斗臂车完成 1 次其他组部件维修、部分材料更换计为 1 项。

定额编号	ZP1－9
项　　目	绝缘斗臂车其他维修
单　　位	项
参考标准（元）	24612

3.3.2 移动箱变车维修

移动箱变车维修的工作内容共25类，包括全车液压控制电磁阀组检修，低压柜、低压控制系统线路检修，低压柜工作模式校检，门禁、风幕机、通风散热、温控烟感控制系统可靠性检测，受损警示灯具、照明灯具检查更换，液压管路更换，液压油箱清洗，整车液压油更换，取力器齿轮泵检修，支腿密封更换，整车溢流阀调整检查，回油滤芯更换，电缆卷扬马达及减速机检修，整车润滑保养，箱变车电气设备、箱体门维修保养，侧开门门锁更换，防护网固定检查、检修门固定螺栓紧固，辅助材料更换，高压电缆卷盘检修，低压电缆卷盘检修，风幕机进出风口清理，受损车箱防水密封条检查更换，标识更换，电缆保护地板更换，接头保护罩更换。以上均为返厂维修。

3.3.2.1 全车液压控制电磁阀组检修

全车液压控制电磁阀组检修的工作内容：检修移动箱变车全车液压控制电磁阀组和部分材料更换。

说明：对1辆移动箱变车车完成1次全车液压控制电磁阀组维修、部分材料更换计为1套。

定额编号	ZP2－1
项　目	全车液压控制电磁阀组检修
单　位	套
参考标准（元）	508

3.3.2.2 低压柜、低压控制系统线路检修

低压柜、低压控制系统线路检修的工作内容：对移动箱变车低压柜、低压控制系统线路检修、部分材料更换。

说明：对1辆移动箱变车完成1次低压柜、低压控制系统线路维修、部分材料更换计为1套。

定额编号	ZP2－2
项　目	低压柜、低压控制系统线路检修
单　位	套
参考标准（元）	796

3.3.2.3　低压柜工作模式校检

低压柜工作模式校检的工作内容：对移动箱变车低压柜工作模式校检、部分材料更换。

说明：对1辆移动箱变车完成1次低压柜工作模式校检、部分材料更换计为1套。

定额编号	ZP2－3
项　目	低压柜工作模式校检
单　位	套
参考标准（元）	884

3.3.2.4　门禁、风幕机、通风散热、温控烟感控制系统可靠性检测

门禁、风幕机、通风散热、温控烟感控制系统可靠性检测的工作内容：对门禁、风幕机、通风散热、温控烟感控制系统检测可靠性和部分材料更换。

说明：对1辆移动箱变车车完成1次门禁、风幕机、通风散热、温控烟感控制系统检测可靠性、部分材料更换计为1套。

定额编号	ZP2－4
项　目	门禁、风幕机、通风散热、温控烟感控制系统可靠性检测
单　位	套
参考标准（元）	1746

3.3.2.5　受损警示灯具、照明灯具检查更换

受损警示灯具、照明灯具检查更换的工作内容：检查更换受损警示灯具，照明灯具、部分材料更换。

说明：对1辆移动箱变车车完成1次受损警示灯具、照明灯具检查，部分材料更换计为1套。

定额编号	ZP2－5
项　目	受损警示灯具、照明灯具检查更换
单　位	套
参考标准（元）	1564

3.3.2.6　液压管路更换

液压管路更换的工作内容：更换移动箱变车液压管路及部分材料。

说明：对1辆移动箱变车完成1次液压管路更换，部分材料更换计为1套。

定额编号	ZP2－6
项　目	液压管路更换
单　位	套
参考标准（元）	3081

3.3.2.7　液压油箱清洗

液压油箱清洗的工作内容：清洗移动箱变车液压油箱。

说明：对1辆移动箱变车完成1次液压油箱清洗，计为1套。

定额编号	ZP2－7
项　目	液压油箱清洗
单　位	套
参考标准（元）	454

3.3.2.8　整车液压油更换

整车液压油更换的工作内容：更换移动箱变车整车液压油。

说明：对1辆移动箱变车完成1次整车液压油更换，计为1套。

定额编号	ZP2 - 8
项　　目	整车液压油更换
单　　位	套
参考标准（元）	2012

3.3.2.9　取力器齿轮泵检修

取力器齿轮泵检修的工作内容：检修移动箱变车取力器齿轮泵，更换部分材料。

说明：对1辆移动箱变车完成1次取力器齿轮泵检修，部分材料更换计为1套。

定额编号	ZP2 - 9
项　　目	取力器齿轮泵检修
单　　位	套
参考标准（元）	799

3.3.2.10　支腿密封更换

支腿密封更换的工作内容：更换移动箱变车支腿密封，部分材料更换。

说明：对1辆移动箱变车完成1次支腿密封更换，部分材料更换计为1套。

定额编号	ZP2 - 10
项　　目	支腿密封更换
单　　位	套
参考标准（元）	1378

3.3.2.11　整车溢流阀调整检查

整车溢流阀调整检查的工作内容：对移动箱变车调整检查整车溢流阀。

说明：对1辆移动箱变车完成1次整车溢流阀调整检查，计为1套。

定 额 编 号	ZP2 - 11
项　　目	整车溢流阀调整检查
单　　位	套
参考标准（元）	342

3.3.2.12　回油滤芯更换

回油滤芯更换的工作内容：更换移动箱变车回油滤芯。

说明：对 1 辆移动箱变车完成 1 次回油滤芯更换（1 只），计为 1 套。

定 额 编 号	ZP2 - 12
项　　目	回油滤芯更换
单　　位	套
参考标准（元）	745

3.3.2.13　电缆卷扬马达及减速机检修

电缆卷扬马达及减速机检修的工作内容：检修电缆卷扬马达及减速机。

说明：对 1 辆移动箱变车完成 1 次电缆卷扬马达及减速机检修（2 组），计为 1 套。

定 额 编 号	ZP2 - 13
项　　目	电缆卷扬马达及减速机检修（2 组）
单　　位	套
参考标准（元）	803

3.3.2.14　整车润滑保养

整车润滑保养的工作内容：整车润滑保养，打黄油，更换润滑油。

说明：对 1 辆移动箱变车完成 1 次整车润滑保养，打黄油，更换润滑油，计为 1 套。

定额编号	ZP2-14
项　目	整车润滑保养
单　位	套
参考标准（元）	631

3.3.2.15　箱变车电气设备、箱体门维修保养

箱变车电气设备、箱体门维修保养的工作内容：箱变车电气设备指高低压配电室、变压器室、开关室等；箱变车整车门连接部位维修保养润滑检修，更换受损前后、舱门及各检查门铰接及机构。

说明：对1辆移动箱变车完成1次整车保养润滑检修更换受损前后、舱门及各检查门铰接及机构，计为1套。

定额编号	ZP2-15
项　目	箱变车电气设备、箱体门维修保养
单　位	套
参考标准（元）	1625

3.3.2.16　侧开门门锁更换

侧开门门锁更换的工作内容：更换移动箱变车侧开门门锁。

说明：对1辆移动箱变车完成1次侧开门门锁更换，计为1套。

定额编号	ZP2-16
项　目	侧开门门锁更换
单　位	套
参考标准（元）	1298

3.3.2.17　防护网固定检查、检修门固定螺栓紧固

防护网固定检查、检修门固定螺栓紧固的工作内容：防护网固定检查、检修门固定螺栓紧固。

说明：对1辆移动箱变车完成1次防护网固定检查，检修门

固定螺栓紧固，计为1套。

定额编号	ZP2－17
项　　目	防护网固定检查，检修门固定螺栓紧固
单　　位	套
参考标准（元）	726

3.3.2.18　辅助材料更换

辅助材料更换的工作内容：移动箱变车辅助材料（标准件、O形圈、油料、低置品）更换。

说明：对1辆移动箱变车完成1次辅助材料更换（标准件、O形圈、油料、低置品），计为1套。

定额编号	ZP2－18
项　　目	辅助材料更换
单　　位	套
参考标准（元）	726

3.3.2.19　高压电缆卷盘检修

高压电缆卷盘检修的工作内容：高压电缆卷盘检修。

说明：对1辆移动箱变车完成1次高压电缆卷盘检修，计为1套。

定额编号	ZP2－19
项　　目	高压电缆卷盘检修
单　　位	套
参考标准（元）	345

3.3.2.20　低压电缆卷盘检修

低压电缆卷盘检修的工作内容：低压电缆卷盘检修。

说明：对1辆移动箱变车完成1次低压电缆卷盘检修，计为1套。

定额编号	ZP2 - 20
项　目	低压电缆卷盘检修
单　位	套
参考标准（元）	345

3.3.2.21　风幕机进出风口清理

风幕机进出风口清理的工作内容：对移动箱变车风幕机进出风口清理。

说明：对 1 辆移动箱变车完成 1 次风幕机进出风口清理，计为 1 套。

定额编号	ZP2 - 21
项　目	风幕机进出风口清理
单　位	套
参考标准（元）	726

3.3.2.22　受损车箱防水密封条检查更换

受损车箱防水密封条检查更换的工作内容：检查更换移动箱变车受损车箱防水密封条。

说明：对 1 辆移动箱变车完成 1 次受损车箱防水密封条检查更换，检修门固定螺栓紧固，计为 1 套。

定额编号	ZP2 - 22
项　目	受损车箱防水密封条检查更换
单　位	套
参考标准（元）	778

3.3.2.23　标识更换

标识更换的工作内容：对移动箱变车完成 1 次标识更换，检修门固定螺栓紧固。

说明：对 1 辆移动箱变车完成 1 次标识更换，检修门固定螺栓紧固，计为 1 套。

定额编号	ZP2 – 23
项　目	标识更换
单　位	套
参考标准（元）	541

3.3.2.24　电缆保护地板更换

电缆保护地板更换的工作内容：更换移动箱变车电缆保护地板。

说明：对 1 辆移动箱变车完成 1 次电缆保护地板更换，检修门固定螺栓紧固，计为 1 套。

定额编号	ZP2 – 24
项　目	电缆保护地板更换
单　位	套
参考标准（元）	2033

3.3.2.25　接头保护罩更换

接头保护罩更换的工作内容：更换移动箱变车接头保护罩。

说明：对 1 辆移动箱变车完成 1 次接头保护罩更换，检修门固定螺栓紧固，计为 1 套。

定额编号	ZP2 – 25
项　目	接头保护罩更换
单　位	套
参考标准（元）	1899

附录

序号	分类	专业	项目名称（一级）	项目名称（二级）	项目名称（三级）	定额编号
1					手提式二氧化碳灭火器检测	WQ1-1
2					手提式干粉灭火器检测	WQ1-2
3				灭火器检测	推车式干粉灭火器检测	WQ1-3
4					自爆悬挂式超细干粉灭火器检测	WQ1-4
5					微型气体喷放灭火器（电缆沟内）检测	WQ1-5
6					手提式二氧化碳灭火器（含箱体）维保	WQ1-6
7	定额参考	变电部分	消防检测与维保		手提式干粉灭火器（含箱体）维保	WQ1-7
8				灭火器维保	推车式干粉灭火器（含箱体）维保	WQ1-8
9					自爆悬挂式超细干粉灭火器维保	WQ1-9
10					微型气体喷放灭火器（电缆沟内）维保	WQ1-10
11				空气呼吸器检测与维保	空气呼吸器检测	WQ1-11
12					空气呼吸器维保	WQ1-12

运维项目费用参考标准

工作内容	计费单位	参考标准	基价（人材机之和，单位元，不含税）	人工（单位元，不含税）	材料（单位元，不含税）	机械（单位元，不含税）
按规程使用天平称重检查二氧化碳灭火器质量，检查干粉灭火器压力表指示，完成变电站内灭火器的一次消防专业检测，并出具检测报告	台·次	23.13	14.75	3.09	0	11.67
	台·次	16.20	8.40	3.09	0	5.31
	台·次	44.56	23.11	8.49	0	14.62
	台·次	35.43	18.38	6.75	0	11.63
	台·次	35.43	18.38	6.75	0	11.63
对变电站内的灭火器进行清扫、保养，外壳、箱体补漆，损坏或超期者将新灭火器（甲供）安装到位，并回收旧灭火器，出具维修记录报告说明	台·次	17.67	10.86	2.56	1.65	6.64
	台·次	17.67	10.86	2.56	1.65	6.64
	台·次	43.25	26.31	6.39	3.31	16.61
	台·次	21.63	13.16	3.20	1.65	8.30
	台·次	21.63	13.16	3.20	1.65	8.30
按规程使用天平称重检查呼吸器瓶质量，检查压力表指示等，完成变电站内空气呼吸器的一次检测，并出具检测报告	台·次	108.20	58.87	19.30	0	39.57
对变电站内的空气呼吸器进行清扫、保养；损坏或超期者将新空气呼吸器（甲供）安装到位，并回收旧空气呼吸器，出具维修记录报告说明	台·次	59.71	34.71	9.59	0.21	24.91

序号	分类	专业	项目名称（一级）	项目名称（二级）	项目名称（三级）	定额编号
13	定额参考	变电部分	消防检测与维保	（六氟丙烷）气体自动灭火系统检测与维保	（六氟丙烷）气体自动灭火系统检测	WQ1－13
14					（六氟丙烷）气体自动灭火系统维保	WQ1－14
15				室外消火栓检测与维保	室外消火栓检测	WQ1－15
16					室外消火栓维保	WQ1－16
17				室内消火栓检测与维保	室内消火栓检测	WQ1－17
18					室内消火栓维保	WQ1－18
19				火灾自动报警系统检测	1～100 点	WQ1－19
20					101～200 点	WQ1－20
21					201～300 点	WQ1－21
22					300 点以上	WQ1－22

工作内容	计费单位	参考标准	基价（人材机之和，单位元，不含税）	人工（单位元，不含税）	材料（单位元，不含税）	机械（单位元，不含税）
按规程使用天平称重检查呼吸器瓶质量，检查压力表指示等，完成变电站内（六氟丙烷）气体自动灭火系统的一次消防检测，并出具检测报告	台·次	347.20	182.81	64.85	0	117.96
对变电站内的（六氟丙烷）气体自动灭火系统进行清扫、保养、补漆，出具维修记录报告说明	台·次	206.62	122.13	32.22	6.20	83.71
检查变电站内消防控制屏工作正常，试加水检测，室外消火栓流量满足规程要求，并出具检测报告	只·次	40.51	21.01	7.72	0	13.29
对变电站内的室外消火栓进行检查、维修、保养、补漆；水龙带损坏者更新水龙带（甲供），并出具维修记录报告说明	只·次	27.42	17.11	3.84	3.31	9.97
检查变电站内消防控制屏工作正常，试加水检测，室内消火栓流量满足规程要求，并出具检测报告	只·次	40.51	21.01	7.72	0	13.29
对变电站内的室内消火栓进行检查、维修、保养、补漆；水龙带损坏者更新水龙带（甲供），并出具维修记录报告说明	只·次	27.42	17.11	3.84	3.31	9.97
检查变电站内火灾自动报警装置运行工况，对所有烟感探测器使用模拟烟雾进行试验，对手动报警器、音响报警器进行试验检测，并出具检测报告	套·次	500.54	323.49	64.85	0	258.64
	套·次	966.84	615.59	129.69	0	485.90
	套·次	1425.04	903.49	192.99	0	710.49
	套·次	2310.64	1413.01	337.74	0	1075.27

序号	分类	专业	项目名称（一级）	项目名称（二级）	项目名称（三级）	定额编号
23				火灾自动报警系统维保	1~100 点	WQ1-23
24					101~200 点	WQ1-24
25					201~300 点	WQ1-25
26					300 点以上	WQ1-26
27				消防器材维保	10kV	WQ1-27
28					35~110kV	WQ1-28
29					220kV	WQ1-29
30					500~1000kV	WQ1-30
31	定额参考	变电部分	消防检测与维保	应急照明和疏散指示标志维保	应急照明和疏散指示标志维保	WQ1-31
32				消防设施检测	10kV	WQ1-32
33					35kV	WQ1-33
34					110kV	WQ1-34
35					220kV	WQ1-35
36					500kV	WQ1-36
37					1000kV	WQ1-37
38				消防设施维保	10kV	WQ1-38
39					35kV	WQ1-39
40					110kV	WQ1-40
41					220kV	WQ1-41
42					500kV	WQ1-42
43					1000kV	WQ1-43

工作内容	计费单位	参考标准	基价（人材机之和，单位元，不含税）	人工（单位元，不含税）	材料（单位元，不含税）	机械（单位元，不含税）
处理变电站内火灾自动报警装置异常工况，更换损坏、误报的烟感探测器、音响报警器，并出具维修记录报告说明	套·次	560.11	413.51	47.95	180.69	184.87
	套·次	1085.97	795.62	95.89	361.38	338.35
	套·次	1512.28	1119.82	127.86	541.66	450.30
	套·次	1955.37	1392.53	191.79	721.53	479.21
完成变电站内消防器材的一次检查、维修、保养，补足沙子，并出具维修记录报告	站·次	150.83	111.63	12.79	30.05	68.79
	站·次	201.08	130.96	25.57	36.60	68.79
	站·次	287.99	183.93	38.36	43.56	102.01
	站·次	497.10	322.26	63.93	87.53	170.80
完成变电站内散指示标志等消防设施的一次检查、维修、保养，更换损坏的光源，并出具维修记录报告	点·次	38.23	24.38	5.11	2.84	16.43
按规程使用天平称重，检查压力表指示等，完成变电站内的火灾自动报警、灭火器、自动灭火装置等消防设施的一次消防检测，并出具检测报告	站·次	162.61	96.67	25.09	0	71.58
	站·次	867.07	541.03	121.58	0	419.45
	站·次	3624.54	1709.65	771.97	0	937.68
	站·次	11808.10	5178.47	2701.89	0	2476.58
	站·次	16225.24	7615.27	3473.86	0	4141.41
	站·次	21082.97	9648.48	4631.81	0	5016.68
完成对变电站内的火灾自动报警、灭火器、消火栓系统、自动灭火装置、应急照明和疏散指示标志、灭火器材等消防设施的一次检查、维修、保养，并出具维修记录报告	站·次	382.17	243.60	51.14	41.53	150.92
	站·次	1255.34	781.09	177.08	233.27	370.74
	站·次	2827.04	1523.27	511.43	250.95	760.89
	站·次	8884.72	4404.92	1790.00	462.52	2152.40
	站·次	12455.71	6610.71	2301.43	671.20	3638.08
	站·次	17270.99	8620.13	3452.14	865.55	4302.44

103

序号	分类	专业	项目名称（一级）	项目名称（二级）	项目名称（三级）	定额编号
44	定额参考	变电部分	变电站辅助设施维保	汇控柜空调维护		WQ2-1
45				变电站卫生保洁		WQ2-2
46				变电站空调维护		WQ2-3
47				SF$_6$气体报警仪维保		WQ2-4
48			入网设备质量专项技术检测	室外GIS设备基础沉降监督		WQ3-1
49				隔离开关触头镀银层厚度检测		WQ3-2

工作内容	计费单位	参考标准	基价（人材机之和，单位元，不含税）	人工（单位元，不含税）	材料（单位元，不含税）	机械（单位元，不含税）
使用空调维修设备对汇控柜空调过滤网、蒸发器、风轮、叶片进行清扫、维护，清扫过滤网、蒸发器、风轮、叶片，处理制冷剂泄漏、风机故障，补充制冷剂，并出具维修记录报告	台·次	171.78	104.08	25.57	3.24	75.27
按照实际工作量配置普通工保洁人员，每月进行一轮变电站室内卫生清扫，门窗、家具清扫；室外卫生清扫，道路、地面、草坪、树木修剪和绿化带清扫，厕所清理；供排水系统维护，更换损坏、漏水的水龙头，疏通排水管道；修复大门、遮栏通道，保持功能完好	m²	6.87	3.96	1.12	0.08	2.76
使用空调维修设备对汇控柜空调过滤网、蒸发器、风轮、叶片进行清扫、维护，清扫过滤网、蒸发器、风轮、叶片，处理制冷剂泄漏、风机故障，补充制冷剂，并出具维修记录报告	台·次	189.26	120.12	25.57	19.28	75.27
对 SF₆ 气体报警仪进行检查、维修，检查连接线缆完好，更换损坏误报的感应器，并出具维修记录报告	套·次	324.99	208.25	42.96	53.68	111.61
采用全站仪对基础开展基础沉陷度测量，记录测量结果，出具检测报告	点·次	471.98	397.04	17.19	0	379.85
采用便携式合金分析仪对隔离开关触头、触指镀银层厚度进行检测，记录检测结果，出具检测报告	台（三相）	432.94	376.52	9.88	0	366.65

序号	分类	专业	项目名称（一级）	项目名称（二级）	项目名称（三级）	定额编号
50				开关柜触头镀银层厚度检测		WQ3 - 3
51				户外密闭箱体厚度检测		WQ3 - 4
52				变电站不锈钢部件材质分析		WQ3 - 5
53				GIS壳体对接焊缝超声波检测		WQ3 - 6
54	定额参考	变电部分	入网设备质量专项技术检测	变电站开关柜铜排导电率检测		WQ3 - 7
55				变电站开关柜铜排连接导电接触部位镀银层厚度检测		WQ3 - 8
56				变电站接地体涂覆层厚度检测		WQ3 - 9
57				变电站铜部件材质分析		WQ3 - 10
58				互感器及组合电器充气阀门材质分析		WQ3 - 11

工作内容	计费单位	参考标准	基价（人材机之和，单位元，不含税）	人工（单位元，不含税）	材料（单位元，不含税）	机械（单位元，不含税）
采用便携式合金分析仪对开关柜触头、触指镀银层厚度进行检测，记录检测结果，出具检测报告	台	1731.75	1506.09	39.50	0	1466.58
采用超声波测厚仪对户外密闭箱体厚度进行检测，记录检测结果，出具检测报告	台	245.82	204.86	9.88	0	194.98
采用便携式合金分析仪对变电站不锈钢部件材质进行检测，记录检测结果，出具检测报告	台	432.94	376.52	9.88	0	366.65
采用超声波探伤仪对 GIS 壳体对接焊缝进行超声波检测，记录检测结果，出具检测报告	间隔	9487.71	8538.97	79.01	1065.30	7394.66
采用导电率测试仪对变电站开关柜铜排导电率进行检测，记录检测结果，出具检测报告	台	538.41	473.29	9.88	0	463.41
采用便携式合金分析仪对开关柜铜排连接导电接触部位镀银层厚度进行检测，记录检测结果，出具检测报告	台	865.87	753.04	19.75	0	733.29
采用镀锌层测厚仪对变电站接地体涂覆层厚度进行检测，记录检测结果，出具检测报告	处	216.94	178.37	9.88	0	168.49
采用便携式合金分析仪对变电站铜部件进行检测，记录检测结果，出具检测报告	台	216.47	188.26	4.94	0	183.32
采用便携式合金分析仪对互感器及组合电器充气阀门材质进行检测，记录检测结果，出具检测报告	台	432.94	376.53	9.88	0	366.65

序号	分类	专业	项目名称 （一级）	项目名称 （二级）	项目名称（三级）	定额编号
59				隔离开关外露 传动机构件镀 锌层厚度检测		WQ3－12
60				变电导流部件 紧固件镀锌层 厚度检测		WQ3－13
61				开关柜柜体覆 铝锌板厚度 检测		WQ3－14
62				输电线路电力 金具闭口销 材质分析		WQ3－15
63	定额 参考	变电 部分	入网设备 质量专项 技术检测	输电线路耐 张线夹 X 射线检测		WQ3－16
64				10kV 跌落式 熔断器导电片 导电率检测		WQ3－17
65				10kV 跌落式 熔断器导电片 触头镀银层 厚度检测		WQ3－18
66				10kV 跌落式 熔断器铁件热 镀锌厚度检测		WQ3－19

工作内容	计费单位	参考标准	基价（人材机之和，单位元，不含税）	人工（单位元，不含税）	材料（单位元，不含税）	机械（单位元，不含税）
采用镀锌层测厚仪对隔离开关外露传动机构件镀锌层厚度进行检测，记录检测结果，出具检测报告	台	216.94	178.37	9.88	0	168.49
采用镀锌层测厚仪对变电导流部件紧固件镀锌层厚度进行检测，记录检测结果，出具检测报告	件	216.94	178.37	9.88	0	168.49
采用超声波测厚仪对开关柜柜体覆铝板厚度进行检测，记录检测结果，出具检测报告	面	245.82	204.86	9.88	0	194.98
采用便携式合金分析仪对输电线路电力金具闭口销材质进行检测，记录检测结果，出具检测报告	件	216.47	188.26	4.94	0	183.32
采用X射线数字成像仪对输电线路耐张线夹压接质量进行X射线检测，记录检测结果，出具检测报告	处	2819.59	2504.10	39.50	0	2464.60
采用导电率测试仪对10kV跌落式熔断器导电片导电率进行检测，记录检测结果，出具检测报告	台	538.41	473.29	9.88	0	463.41
采用便携式合金分析仪对10kV跌落式熔断器导电片触头镀银层厚度进行检测，记录检测结果，出具检测报告	台	216.47	188.26	4.94	0	183.32
采用镀锌层测厚仪对10kV跌落式熔断器铁件热镀锌厚度进行检测，记录检测结果，出具检测报告	台	216.94	178.37	9.88	0	168.49

序号	分类	专业	项目名称 （一级）	项目名称 （二级）	项目名称（三级）	定额编号
67	定额 参考	变电 部分	入网设备 质量专项 技术检测	10kV 跌落式 熔断器铜铸件 材质分析		WQ3－20
68				10kV 柱上断路 器接线端子镀 锡层厚度检测		WQ3－21
69				10kV 柱上断 路器接线端子 导电率检测		WQ3－22
70				10kV 柱上 断路器外壳 厚度检测		WQ3－23
71				JP 柜柜体 厚度检测		WQ3－24
72				环网柜柜体 厚度检测		WQ3－25
73				高压电力电缆 振荡波试验		WQ3－26
74			变电站 带电检测	变电站红外 精确测温	110kV 敞开式红外精 确测温	WQ4－1
75					220kV 敞开式红外精 确测温	WQ4－2
76					500kV 敞开式红外精 确测温	WQ4－3

工作内容	计费单位	参考标准	基价（人材机之和，单位元，不含税）	人工（单位元，不含税）	材料（单位元，不含税）	机械（单位元，不含税）
采用便携式合金分析仪对10kV跌落式熔断器铜铸件材质进行检测，记录检测结果，出具检测报告	台	216.47	188.26	4.94	0	183.32
采用便携式合金分析仪对10kV跌落式熔断器接线端子镀锡层厚度进行检测，记录检测结果，出具检测报告	台	216.47	188.26	4.94	0	183.32
采用导电率测试仪对10kV跌落式熔断器接线端子导电率进行检测，记录检测结果，出具检测报告	台	538.41	473.29	9.88	0	463.41
采用超声波测厚仪对10kV柱上断路器外壳厚度进行检测，记录检测结果，出具检测报告	台	245.82	204.86	9.88	0	194.98
采用超声波测厚仪对JP柜柜体厚度进行检测，记录检测结果，出具检测报告	台	245.82	204.86	9.88	0	194.98
采用超声波测厚仪对环网柜柜体厚度进行检测，记录检测结果，出具检测报告	台	245.82	204.86	9.88	0	194.98
采用电缆振荡波局放试验装置对高压电力电缆进行振荡波局放试验，记录试验结果，出具试验报告	条	8571.12	7672.81	91.07	0	7581.74
按照变电设备红外精确测温技术要求，日落后对变电站内所有一次设备逐个点位进行测温记录，出具检测报告	百点·次	277.18	236.31	8.59	0	227.71
	百点·次	388.05	330.83	12.03	0	318.80
	百点·次	554.36	472.61	17.19	0	455.42

序号	分类	专业	项目名称 （一级）	项目名称 （二级）	项目名称（三级）	定额编号
77					1000kV 敞开式红外精确测温	WQ4－4
78					110kVGIS 式红外精确测温	WQ4－5
79				变电站红外精确测温	220kVGIS 式红外精确测温	WQ4－6
80					500kVGIS 式红外精确测温	WQ4－7
81					1000kVGIS 式红外精确测温	WQ4－8
82					110kV	WQ4－9
83				SF$_6$ 气体泄漏红外检测	220kV	WQ4－10
84	定额参考	变电部分	变电站带电检测		500kV	WQ4－11
85					1000kV	WQ4－12
86					110kV	WQ4－13
87				变压器局放检测	220kV	WQ4－14
88					500kV	WQ4－15
89					1000kV	WQ4－16
90					110kV	WQ4－17
91				组合电器局放检测	220kV	WQ4－18
92					500kV	WQ4－19
93					1000kV	WQ4－20
94				开关柜局放检测		WQ4－21

工作内容	计费单位	参考标准	基价（人材机之和，单位元，不含税）	人工（单位元，不含税）	材料（单位元，不含税）	机械（单位元，不含税）
按照变电设备红外精确测温技术要求，日落后对变电站内所有一次设备逐个点位进行测温记录，出具检测报告	百点·次	831.54	708.92	25.78	0	683.14
	百点·次	665.23	567.14	20.63	0	546.51
	百点·次	692.95	590.77	21.49	0	569.28
	百点·次	970.13	827.07	30.08	0	796.99
	百点·次	1108.71	945.22	34.38	0	910.85
采用SF₆气体红外检漏仪，按照变电设备SF₆气体红外检漏技术要求，对变电站内SF₆设备逐个点位进行气体泄漏检测，出具检测报告	百点·次	665.23	567.13	20.63	0	546.51
	百点·次	692.95	590.77	21.49	0	569.28
	百点·次	970.13	827.07	30.08	0	796.99
	百点·次	1108.71	945.22	34.38	0	910.85
采用高频局放测试仪及变压器超声波局放测试仪等装备对变压器开展高频及超声波局放检测，记录检测数据，出具检测报告	台·次	3572.56	3205.64	34.38	0	3171.26
	台·次	4287.08	3846.76	41.25	0	3805.51
	台·次	5716.10	5129.02	55.00	0	5074.02
	台·次	7145.13	6411.27	68.75	0	6342.52
采用组合电器超声波局放测试仪及特高频局放测试仪等装备对组合电器开展超声波及特高频局放检测，记录检测数据，出具检测报告	间隔	249.44	219.85	4.30	0	206.93
	间隔	498.89	439.71	8.59	0	413.87
	间隔	748.33	659.56	12.89	0	551.83
	间隔	997.77	879.42	17.19	0	862.23
采用开关柜超声波局放测试仪及暂态地电压局放测试仪等装备对开关柜开展超声波及暂态地电压局放检测，记录检测数据，出具检测报告	面	204.73	178.83	4.30	0	174.53

序号	分类	专业	项目名称（一级）	项目名称（二级）	项目名称（三级）	定额编号
95				避雷器泄漏电流检测		WQ4-22
96		变电部分	变电站带电检测	变电站电容电流检测		WQ4-23
97	定额参考			变电站电能质量检测		WQ4-24
98			无人机巡检	无人机巡检		WX1-1
99		输电部分		通道巡视		WX2-1
100			通道运维	线路盯防		WX2-2

工作内容	计费单位	参考标准	基价（人材机之和，单位元，不含税）	人工（单位元，不含税）	材料（单位元，不含税）	机械（单位元，不含税）
采用避雷器泄漏电流测试仪等装备对变电站带电运行状态下的避雷器泄漏电流进行测量，诊断避雷器运行状态，出具检测报告	台·次	112.81	77.00	12.67	0	64.33
采用母线电容电流测量仪等装备对变电站10kV和35kV不直接接地系统母线电容电流进行测量计算，出具检测报告	段	939.23	814.03	22.77	0	791.26
依据国网公司《电网谐波管理规定》要求，变电站高压侧母线应按周期（500kV及以上母线为2年、220kV母线为3年、110kV母线为6年）完成电能质量指标轮测，且测试时间连续不少于24小时。采用便携式谐波测试仪，对变电站母线进行现场谐波测试记录分析检测结果，出具检测报告	条	6226.07	4416.98	618.78	0	3798.20
对设备本体及通道进行无人机巡检拍照，将巡检照片进行上传并分析，出具巡检报告	km	2011.11	1488.79	213.50	0	1275.29
根据公司相关文件标准要求开展线路通道运维、防护，负责通道巡视、隐患管控等	km·年	2801.50	1387.85	781.62	0	606.23
根据线路防外破工作需求，合理配置盯防人员；发现、制止监护通道内的违章吊装、施工、开采、挖掘、打桩、建筑、钓鱼、放风筝等危及线路安全的作业或行为	人·天	299.97	209.51	43.42	0	166.09

序号	分类	专业	项目名称（一级）	项目名称（二级）	项目名称（三级）	定额编号
101			通道运维	线路保电巡视		WX2-3
102				树木清障		WX3-1
103			通道治理	异物源清理		WX3-2
104	定额参考	输电部分		易燃物清理		WX3-3
105					35kV	WX4-1
106					110kV	WX4-2
107					220kV	WX4-3
108				直线杆塔登杆塔检查	500kV	WX4-4
109			登杆检查		1000kV	WX4-5
110					±660kV	WX4-6
111					±800kV	WX4-7
112					35kV	WX4-8
113				耐张杆塔登杆塔检查	110kV	WX4-9
114					220kV	WX4-10

工作内容	计费单位	参考标准	基价（人材机之和，单位元，不含税）	人工（单位元，不含税）	材料（单位元，不含税）	机械（单位元，不含税）
根据线路保电巡视需求，合理配置保电人员；对保电线路本体及通道开展巡视和隐患管控工作，发现并制止通道内的违章吊装、施工、开采、挖掘、打桩、建筑、钓鱼、放风筝等危及线路安全的作业或行为	人·天	299.97	209.51	43.42	0	166.09
根据线路运维要求，对影响输电线路正常运行的树木进行修剪（砍伐）、树枝清理运输，并负责民事协调工作	棵	17.46	8.38	5.05	0	3.32
根据通道运维要求，对线路通道内的垃圾堆、锡箔纸、塑料布、大棚等易漂浮的进行清理、加固、掩埋	处	328.38	169.89	86.85	0	83.05
根据通道运维要求，对线路通道内的杂草、芦苇、堆积物等易燃易爆物品进行清理	处	328.38	169.89	86.85	0	83.05
登直线杆塔检查，清除杆塔异物、更换防鸟器、金具螺栓复紧等	基	67.59	44.68	11.46	0	33.22
		88.84	62.43	12.60	0	49.83
		135.92	79.62	29.79	0	49.83
		203.51	124.30	41.25	0	83.05
		306.58	211.93	45.84	0	166.09
		214.37	134.26	41.25	0	93.01
		255.89	165.42	45.84	0	119.59
登耐张杆塔检查，测零清扫瓷瓶、清除杆塔异物、更换防鸟器、金具螺栓复紧等	基	73.87	46.97	13.75	0	33.22
		101.39	67.02	17.19	0	49.83
		148.47	84.20	34.38	0	49.83

117

序号	分类	专业	项目名称 （一级）	项目名称 （二级）	项目名称（三级）	定额编号
115					500kV	WX4-11
116		输电 部分	登杆检查	耐张杆塔 登杆塔检查	1000kV	WX4-12
117					±660kV	WX4-13
118					±800kV	WX4-14
119	定额 参考			配电站所 门窗维修		WP1-1
120				棚顶站所墙体 及棚顶粉刷		WP1-2
121		配电 部分	配电站所 环境维护	设备孔洞封堵		WP1-3
122				配电设备基础 防水、防渗漏 治理		WP1-4
123				配电站房屋顶 防渗漏治理		WP1-5
124				开关柜间隔 防火治理		WP1-6

工作内容	计费单位	参考标准	基价（人材机之和，单位元，不含税）	人工（单位元，不含税）	材料（单位元，不含税）	机械（单位元，不含税）
登耐张杆塔检查，测零清扫瓷瓶、清除杆塔异物、更换防鸟器、金具螺栓复紧等	基	216.06	128.88	45.84	0	83.05
		353.66	229.11	63.02	0	166.09
		226.93	138.85	45.84	0	93.01
		312.39	186.05	66.46	0	119.59
将原有防火门更换为甲级钢质耐火、隔音门，窗户的玻璃采用双层防火玻璃，中间填充防火化学液体，根据运维要求变更为统一颜色、材质	平方米	2089.66	1882.28	25.87	1853.09	3.32
对配电站房的室内墙体粉刷，地面与墙体整体清扫处理，采用白石灰对棚顶水印进行刷白，站房内电缆沟清扫，配电室全部墙角的除霉以及干燥处理	平方米	39.75	23.34	9.75	10.27	3.32
采用速固JZD型堵料，每处按2kg考虑，包含一次设备底板孔洞封堵，站所终端二次设备孔洞封堵采用速固JZD型堵料，每处按照2kg考虑	处	439.35	373.73	21.79	345.16	6.78
采用进口橡胶防水卷材，人工将防水进口橡胶涂覆于配电设备基础外层，自然状态下凝固	平方米	5825.38	5315.22	21.66	5290.24	3.32
采用防水油毡材料，人工将防水油毡铺贴于配电站房屋顶（铺贴时需采用喷灯加热施工工艺）	平方米	120.60	86.98	17.57	66.09	3.32
对XGN型高压柜、KYN型手车柜、SF$_6$环网箱等常用柜型，在环网柜间隔内安装独立防火装置	间隔	1127.78	905.05	96.25	788.32	20.47

序号	分类	专业	项目名称（一级）	项目名称（二级）	项目名称（三级）	定额编号
125				红外、局放综合检测（环网柜）		WP2-1
126				红外、局放综合检测（配电室）		WP2-2
127	定额参考	配电部分	配电设备带电检测	红外、局放综合检测（分支箱）		WP2-3
128				红外、局放综合检测（箱式变压器）		WP2-4
129				红外、局放综合检测（柱上配变台区）		WP2-5

工作内容	计费单位	参考标准	基价（人材机之和，单位元，不含税）	人工（单位元，不含税）	材料（单位元，不含税）	机械（单位元，不含税）
采用超声波局放检测仪对环网柜进行局放检测；采用红外测温仪，按照变电设备红外测温技术要求，对环网柜内所有设备的逐个点位进行测温记录，出具检测及测温报告	台	465.59	238.75	139.92	41.84	56.98
采用超声波局放检测仪对配电室的高压柜、变压器、低压柜进行局放检测；采用红外测温仪，按照变电设备红外测温技术要求，对配电室内所有设备的逐个点位进行测温记录，出具检测及测温报告	台	465.59	238.75	139.92	41.84	56.98
采用超声波局放检测仪对分支箱中各接线端子处进行局放检测；采用红外测温仪，按照变电设备红外测温技术要求，对分支箱内所有设备的逐个点位进行测温记录，出具检测及测温报告	台	465.59	238.75	139.92	41.84	56.98
采用超声波局放检测仪对箱式变压器中的高压柜、变压器、低压柜进行局放检测；采用红外测温仪，按照变电设备红外测温技术要求，对箱式变压器内所有设备的逐个点位进行测温记录，出具检测及测温报告	台	465.59	238.75	139.92	41.84	56.98
采用超声波局放检测仪对柱上配变台区高低压接线端子进行局放检测；采用红外测温仪，按照变电设备红外测温技术要求，对柱上变压器以及变压器附属设备内所有设备的逐个点位进行测温记录，出具检测及测温报告	台	465.59	238.75	139.92	41.84	56.98

序号	分类	专业	项目名称（一级）	项目名称（二级）	项目名称（三级）	定额编号
130			配电设备带电检测	红外、局放综合检测（架空线路）		WP2-6
131				配电架空线路信息采集		WP3-1
132	定额参考	配电部分	配电信息采集	配电台区信息采集		WP3-2
133				站所设备信息采集		WP3-3
134			配电自动化系统维护	配网自动化直流系统蓄电池检测		WP4-1
135				配电自动化主站运行维护		WP4-2

工作内容	计费单位	参考标准	基价（人材机之和，单位元，不含税）	人工（单位元，不含税）	材料（单位元，不含税）	机械（单位元，不含税）
采用超声波局放检测仪对架空线路中杆塔、柱上开关、金具以及附属设备进行局放检测；采用红外测温仪，按照输电线路红外测温技术要求，对架空线路及附属设备内所有设备的逐个点位进行测温记录，出具检测及测温报告	km	598.44	307.55	176.59	0	130.97
对配电架空线路信息采集，对电杆位置以及电杆的双重名称进行采集整改，对柱上开关等柱上设备进行信息采集并进行日常维护，对隔离开关、熔断器、避雷器等辅助设施的设备参数及数量进行信息采集，最终形成完整的架空线路设备信息库	km	786.75	376.90	252.22	0	124.68
利用远程监控设备对配电变压器的运行参数进行采集并记录，对低压设备的开关及低压电缆进行信息采集并维护	座	143.34	63.94	50.18	3.50	10.26
利用自动化等远程监测设备对站所（开关站、开闭所、配电室、箱式变电站）内在运设备进行信息采集，并对信息进行更新与汇总，对错误信息进行核实更正	座	112.58	51.91	38.15	3.50	10.26
采用外置蓄电池充放检测仪对原有配电自动化终端直流系统中的蓄电池进行充放试验，并对蓄电池进行校对	组	405.46	261.57	82.00	8.19	171.38
对配电自动化主站系统进行日常运行以及数据维护，以"套"为单位对主站系统的数据进行校对并记录	套	450014.93	183188.91	170566.00	0	12622.91

序号	分类	专业	项目名称 （一级）	项目名称 （二级）	项目名称（三级）	定额编号
136			配电自动化 系统维护	配电自动化 主站等级 保护测评		WP4-3
137				配电自动化 主站安全 防护测试		WP4-4
138	定额 参考	配电 部分		FTU 维护		WP5-1
139			配电自动化 终端设备维护	DTU 维护		WP5-2
140				TTU 维护		WP5-3

工作内容	计费单位	参考标准	基价（人材机之和，单位元，不含税）	人工（单位元，不含税）	材料（单位元，不含税）	机械（单位元，不含税）
对主站系统保护等级进行升级，通过增加加密装置进行保护等级提升	套	201794.43	81451.24	77000.00	0	4451.24
采用不同外置攻防系统对配电自动化主站系统中的安全防护进行测试，加强安全防护等级	套	152036.05	59499.93	59400.00	0	99.93
线路 FTU 终端二次回路检查测试，终端离线消缺，参数定值修改，终端信号调取分析，软件版本升级，终端网络安全防护，电池/电容检测更换，终端二次接线排查紧固，各类模块及插件更换，本体及模块清扫及防腐，功能部件进行调试维护	套	254.88	141.25	68.75	0.93	71.57
对线路 DTU 终端二次回路检查测试，终端离线消缺，参数定值修改，终端信号调取分析，软件版本升级，终端网络安全防护，电池/电容检测更换，终端二次接线排查紧固，各类模块及插件更换，本体及模块清扫及防腐，功能部件进行调试维护	套	406.26	215.33	116.88	9.32	89.13
对线路 TTU 终端二次回路检查测试，终端离线消缺，参数定值修改，终端信号调取分析，软件版本升级，终端网络安全防护，电池/电容检测更换，终端二次接线排查紧固，各类模块及插件更换，本体及模块清扫及防腐，功能部件进行调试维护	套	218.43	117.08	61.88	0.93	54.27

序号	分类	专业	项目名称（一级）	项目名称（二级）	项目名称（三级）	定额编号
141	定额参考	配电部分	接地短路故障指示器维护			WP6 - 1
142			供服系统运维	信息系统功能运维		WP7 - 1
143				信息系统功能升级		WP7 - 2
144			绝缘斗臂车预防性试验			WP8 - 1
145			不停电作业工器具、个人防护用具预防性试验			WP9 - 1
146			绝缘斗臂车整车检查、保养和功能测试			WP10 - 1
147	综合单价参考	变电部分	水喷雾自动灭火系统检测与维保	水喷雾自动灭火系统检测		ZQ1 - 1

工作内容	计费单位	参考标准	基价（人材机之和，单位元，不含税）	人工（单位元，不含税）	材料（单位元，不含税）	机械（单位元，不含税）
对线路接地型短路故障指示器二次回路检查测试，终端离线消缺，参数定值修改，终端信号调取分析，软件版本升级，终端网络安全防护，电池/电容检测更换，终端二次接线排查紧固，各类模块及插件更换，本体及模块清扫及防腐，功能部件进行调试维护	套	219.73	106.23	70.82	0.93	34.48
进行信息录入，功能模块维护，功能模块升级，系统功能维护及升级	人·天	1104.20	494.62	385.00	0	109.62
进行信息录入，功能模块维护，功能模块升级，系统功能维护及升级	人·天	1104.20	494.62	385.00	0	109.62
对臂架结构检测试验，工作斗检测试验，小吊检测试验，液压系统检测试验，电气控制系统检测试验，应急泵检测试验以及其他检测试验	辆	8094.11	6048.31	1023.00	0	5025.31
对绝缘杆、绝缘托瓶架、绝缘（临时）横担、绝缘平台、屏蔽服装、静电防护服装等不停电作业绝缘工器具、个人防护用具预防性试验，并出具报告	件	302.77	188.90	66.00	0	122.90
绝缘斗臂车整车检查、保养和功能测试	次	56931.03	37699.91	10791.15	26760.72	148.05
采用专用装备对变电站内的水喷雾自动灭火系统消防泵、雨淋阀、现场控制柜、压力表进行检查，并出具检测报告	套·次	7500.00	0	0	0	0

序号	分类	专业	项目名称（一级）	项目名称（二级）	项目名称（三级）	定额编号
148	综合单价参考	变电部分	水喷雾自动灭火系统检测与维保	水喷雾自动灭火系统维保		ZQ1-2
149			主变灭火系统检测与维保	主变灭火系统检测		ZQ1-3
150				主变灭火系统维保		ZQ1-4
151		输电部分	输电带电绝缘作业车检测	输电带电绝缘作业车检测		ZX1-1
152			带电作业工器具检测	绝缘操作杆、绝缘工具检测	110kV	ZX2-1
153					220kV	ZX2-2
154					500kV	ZX2-3

工作内容	计费单位	参考标准	基价（人材机之和，单位元，不含税）	人工（单位元，不含税）	材料（单位元，不含税）	机械（单位元，不含税）
检查变电站内水喷雾自动灭火系统运行工况，对装置、管道、阀门清扫、补漆，并出具维修记录报告说明	套·次	5000.00	0	0	0	0
采用专用装备，对变电站内的主变自动灭火系统消防泵、雨淋阀、现场控制柜、压力表进行检查；并模拟瓦斯、三侧开关、感温电缆动作检查系统运行工况，并出具检测报告	套·次	7500.00	0	0	0	0
检查变电站内水喷雾自动灭火系统运行工况，对装置、管道、阀门清扫、补漆，并出具维修记录报告说明	套·次	5000.00	0	0	0	0
根据规程要求对输电带电作业绝缘斗臂车进行工频耐压、泄漏电流、负载等试验检测工作。采用工频耐压测试系统、泄漏电流检测仪及砝码若干，按照输电带电绝缘作业车检测技术要求，在天气环境干燥的情况下对输电带电绝缘作业车进行检测记录，出具检测报告	台·次	25000.46	0	0	0	0
根据规程要求对绝缘操作杆、绝缘工具进行工频耐压、拉力试验等试验检测工作。采用工频耐压测试系统、拉力试验机等，按照带电作业工器具检测技术要求，在天气环境干燥的情况下对绝缘操作杆、绝缘工具进行检测记录，出具检测报告	根·次	180.29	0	0	0	0
		209.95	0	0	0	0
		760.11	0	0	0	0

序号	分类	专业	项目名称（一级）	项目名称（二级）	项目名称（三级）	定额编号
155					110kV	ZX2-4
156				绝缘拉杆、绝缘拉板检测	220kV	ZX2-5
157					500kV	ZX2-6
158					110kV	ZX2-7
159				绝缘硬梯、软梯检测	220kV	ZX2-8
160	综合单价参考	输电部分	带电作业工器具检测		500kV	ZX2-9
161					110kV	ZX2-10
162				绝缘绳索检测	220kV	ZX2-11
163					500kV	ZX2-12
164					110kV	ZX2-13
165				托瓶架检测	220kV	ZX2-14
166					500kV	ZX2-15

工作内容	计费单位	参考标准	基价（人材机之和，单位元，不含税）	人工（单位元，不含税）	材料（单位元，不含税）	机械（单位元，不含税）
根据规程要求对绝缘拉杆、绝缘拉板进行工频耐压、拉力试验等试验检测工作。采用工频耐压测试系统、拉力试验机等，按照带电作业工器具检测技术要求，在天气环境干燥的情况下对绝缘拉杆、绝缘拉板进行检测记录，出具检测报告	根·次	380.62	0	0	0	0
		599.94	0	0	0	0
		880.43	0	0	0	0
根据规程要求对绝缘硬梯、软梯进行工频耐压、拉力试验等试验检测工作。采用工频耐压测试系统、拉力试验机等，按照带电作业工器具检测技术要求，在天气环境干燥的情况下对绝缘硬梯、软梯进行检测记录，出具检测报告	架·次	599.91	0	0	0	0
		800.27	0	0	0	0
		1480.81	0	0	0	0
根据规程要求对绝缘绳索进行工频耐压、拉力试验等试验检测工作。采用工频耐压测试系统、拉力试验机等，按照带电作业工器具检测技术要求，在天气环境干燥的情况下对绝缘绳索进行检测记录，出具检测报告	根·次	380.62	0	0	0	0
		439.92	0	0	0	0
		879.83	0	0	0	0
根据规程要求对托瓶架进行工频耐压、拉力试验等试验检测工作。采用工频耐压测试系统、拉力试验机等，按照带电作业工器具检测技术要求，在天气环境干燥的情况下对托瓶架进行检测记录，出具检测报告	只·次	380.62	0	0	0	0
		599.94	0	0	0	0
		880.43	0	0	0	0

序号	分类	专业	项目名称（一级）	项目名称（二级）	项目名称（三级）	定额编号
167	综合单价参考	输电部分	带电作业工器具检测	导电鞋检测		ZX2－16
168				屏蔽服检测		ZX2－17
169				绝缘子卡具检测		ZX2－18
170			电缆本体、通道检测	电缆局放检测		ZX3－1
171				电缆超声波检测		ZX3－2

工作内容	计费单位	参考标准	基价（人材机之和，单位元，不含税）	人工（单位元，不含税）	材料（单位元，不含税）	机械（单位元，不含税）
根据规程要求对导电鞋进行直流电阻等试验检测工作。采用直流电阻测试仪等，按照带电作业工器具检测技术要求，在天气环境干燥的情况下对导电鞋进行检测记录，出具检测报告	双·次	60.57	0	0	0	0
根据规程要求对屏蔽服进行直流电阻、屏蔽效率等试验检测工作。采用直流电阻测试仪、屏蔽效率测试系统等，按照带电作业工器具检测技术要求，在天气环境干燥的情况下对屏蔽服进行检测记录，出具检测报告	套·次	439.89	0	0	0	0
根据规程要求对绝缘子卡具进行静负荷拉力等试验检测工作。采用拉力试验机等，按照带电作业工器具检测技术要求，在天气环境干燥的情况下对绝缘子卡具进行检测记录，出具检测报告	只·次	880.84	0	0	0	0
根据规程要求，采用多通道便携式局放诊断定位议等对输电电缆终端、中间接头进行局放检测，其中三相为1组，进行实时的局放检测、监视及定位，准确判断电缆绝缘状况并记录，出具检测报告	组	7000.64	0	0	0	0
根据规程要求，采用便携式超声局放巡检仪等对输电电缆头进行超声波局放检测，其中三相电缆头为1组，进行实时的局放检测、监视及定位，准确判断电缆绝缘状况并记录，出具检测报告	组	400.05	0	0	0	0

序号	分类	专业	项目名称（一级）	项目名称（二级）	项目名称（三级）	定额编号
172	综合单价参考	输电部分	电缆本体、通道检测	电缆路径探测		ZX3 - 3
173				电缆路径三维测绘		ZX3 - 4
174		配电部分	绝缘斗臂车维修（返厂）	绝缘斗臂车支腿维修		ZP1 - 1
175				绝缘斗臂车回转机构维修		ZP1 - 2
176				绝缘斗臂车臂架结构维修		ZP1 - 3
177				绝缘斗臂车工作斗维修		ZP1 - 4
178				绝缘斗臂车小吊维修		ZP1 - 5

工作内容	计费单位	参考标准	基价（人材机之和，单位元，不含税）	人工（单位元，不含税）	材料（单位元，不含税）	机械（单位元，不含税）
根据规程要求，采用智能管线探测仪、智能电压隔离器等对输电电缆进行路径探测，判断电缆埋深、识别电缆走向，并安装电缆路径标识，绘制电缆路径图纸	km	5000.40	0	0	0	0
根据规程要求，需要对非开挖拉管电缆路径进行三维测绘，采用三维惯性陀螺仪与计算机三维计算技术结合的形式，巧妙地综合利用陀螺仪惯导技术、重力矢量计算等交叉学科原理，自动生成基于 X、Y、Z 三维坐标的地下管道曲线图，从而实现精确定位大埋深管道而不受管道材质、埋深、地质条件限制	m	260.90	0	0	0	0
绝缘斗臂车支腿维修、部分材料更换	项	843.00	0	0	0	0
绝缘斗臂车回转机构维修、部分材料更换（包括平衡阀、电磁阀、减速机、齿轮泵、回转马达、按钮开关、线路可靠性、油路可靠性等）	项	957.00	0	0	0	0
对绝缘斗臂车臂架结构（包括绝缘臂破损、伸缩臂滑轮、下臂防尘罩、吊臂立罩等）维修、部分齿轮材料更换	项	695.00	0	0	0	0
对绝缘斗臂车工作斗内斗层间绝缘补强、外斗延面绝缘漆修补、破损部位更换等	项	1219.00	0	0	0	0
对绝缘斗臂车小吊吊臂更换、绝缘吊绳更换、升降及转动部位维修、更换	项	5132.00	0	0	0	0

序号	分类	专业	项目名称（一级）	项目名称（二级）	项目名称（三级）	定额编号
179	综合单价参考	配电部分	绝缘斗臂车维修（返厂）	绝缘斗臂车液压系统维修		ZP1－6
180				绝缘斗臂车电气控制系统维修		ZP1－7
181				绝缘斗臂车应急泵维修		ZP1－8
182				绝缘斗臂车其他维修		ZP1－9
183			移动箱变车维修（返厂）	全车液压控制电磁阀组检修		ZP2－1
184				低压柜、低压控制系统线路检修		ZP2－2
185				低压柜工作模式校检		ZP2－3
186				门禁、风幕机、通风散热、温控烟感控制系统可靠性检测		ZP2－4
187				受损警示灯具、照明灯具检查更换		ZP2－5

工作内容	计费单位	参考标准	基价（人材机之和，单位元，不含税）	人工（单位元，不含税）	材料（单位元，不含税）	机械（单位元，不含税）
对绝缘斗臂车液压油箱清洗，液压管路清洗、密封、更换，整车液压油更换，密封圈更换	项	9560.00	0	0	0	0
对绝缘斗臂车各节点传感器维修、更换，控制线路检修、更换，操作装置检修、更换，保护系统检修等	项	2772.00	0	0	0	0
对绝缘斗臂车应急启动系统综合检修，应急电源维修、更换	项	8145.00	0	0	0	0
对绝缘斗臂车传动系统保养维修、排气阀更换、泄漏电流监控装置保养维修、警示灯维修更换、绝缘上装固定装置维修、整车接地系统维修更换	项	24612.00	0	0	0	0
检修移动箱变车全车液压控制电磁阀组和部分材料更换	套	508.00	0	0	0	0
对移动箱变车低压柜低压控制系统线路检修、部分材料更换	套	796.00	0	0	0	0
对移动箱变车低压柜工作模式校检、部分材料更换	套	884.00	0	0	0	0
对门禁、风幕机、通风散热、温控烟感控制系统检测可靠性和部分材料更换	套	1746.00	0	0	0	0
检查更换受损警示灯具、照明灯具，部分材料更换	套	1564.00	0	0	0	0

序号	分类	专业	项目名称 （一级）	项目名称 （二级）	项目名称（三级）	定额编号
188				液压管路更换		ZP2－6
189				液压油箱清洗		ZP2－7
190				整车液 压油更换		ZP2－8
191				取力器齿 轮泵检修		ZP2－9
192			移动箱变车 维修（返厂）	支腿密封更换		ZP2－10
193				整车溢流阀 调整检查		ZP2－11
194				回油滤芯更换		ZP2－12
195	综合 单价 参考	配电 部分		电缆卷扬马达 及减速机检修		ZP2－13
196				整车润滑保养		ZP2－14
197				箱变车电气 设备、箱体门 维修保养		ZP2－15
198				侧开门 门锁更换		ZP2－16
199				防护网固定 检查、检修门 固定螺栓紧固		ZP2－17
200				辅助材料更换		ZP2－18

工作内容	计费单位	参考标准	基价（人材机之和，单位元，不含税）	人工（单位元，不含税）	材料（单位元，不含税）	机械（单位元，不含税）
更换移动箱变车液压管路及部分材料	套	3081.00	0	0	0	0
清洗移动箱变车液压油箱	套	454.00	0	0	0	0
更换移动箱变车整车液压油	套	2012.00	0	0	0	0
检修移动箱变车取力器齿轮泵，更换部分材料	套	799.00	0	0	0	0
更换移动箱变车支腿密封，部分材料更换	套	1378.00	0	0	0	0
对移动箱变车调整检查整车溢流阀	套	342.00	0	0	0	0
更换移动箱变车回油滤芯	套	745.00	0	0	0	0
检修电缆卷扬马达及减速机	套	803.00	0	0	0	0
整车润滑保养，打黄油，更换润滑油	套	631.00	0	0	0	0
箱变车电气设备指高低压配电室、变压器室、开关室等；箱变车整车门连接部位维修保养润滑检修，更换受损前后、舱门及各检查门铰接及机构	套	1625.00	0	0	0	0
更换移动箱变车侧开门门锁	套	1298.00	0	0	0	0
防护网固定检查、检修门固定螺栓紧固	套	726.00	0	0	0	0
移动箱变车辅助材料（标准件、O形圈、油料、低置品）更换	套	726.00	0	0	0	0

序号	分类	专业	项目名称（一级）	项目名称（二级）	项目名称（三级）	定额编号
201				高压电缆卷盘检修		ZP2 - 19
202				低压电缆卷盘检修		ZP2 - 20
203				风幕机进出风口清理		ZP2 - 21
204	综合单价参考	配电部分	移动箱变车维修（返厂）	受损车箱防水密封条检查更换		ZP2 - 22
205				标识更换		ZP2 - 23
206				电缆保护地板更换		ZP2 - 24
207				接头保护罩更换		ZP2 - 25

140

続表

工作内容	计费单位	参考标准	基价（人材机之和，单位元，不含税）	人工（单位元，不含税）	材料（单位元，不含税）	机械（单位元，不含税）
高压电缆卷盘检修	套	345.00	0	0	0	0
低压电缆卷盘检修	套	345.00	0	0	0	0
对移动箱变车风幕机进出风口清理	套	726.00	0	0	0	0
检查更换移动箱变车受损车箱防水密封条	套	778.00	0	0	0	0
对移动箱变车完成一次标识更换，检修门固定螺栓紧固	套	541.00	0	0	0	0
更换移动箱变车电缆保护地板	套	2033.00	0	0	0	0
更换移动箱变车接头保护罩	套	1899.00	0	0	0	0